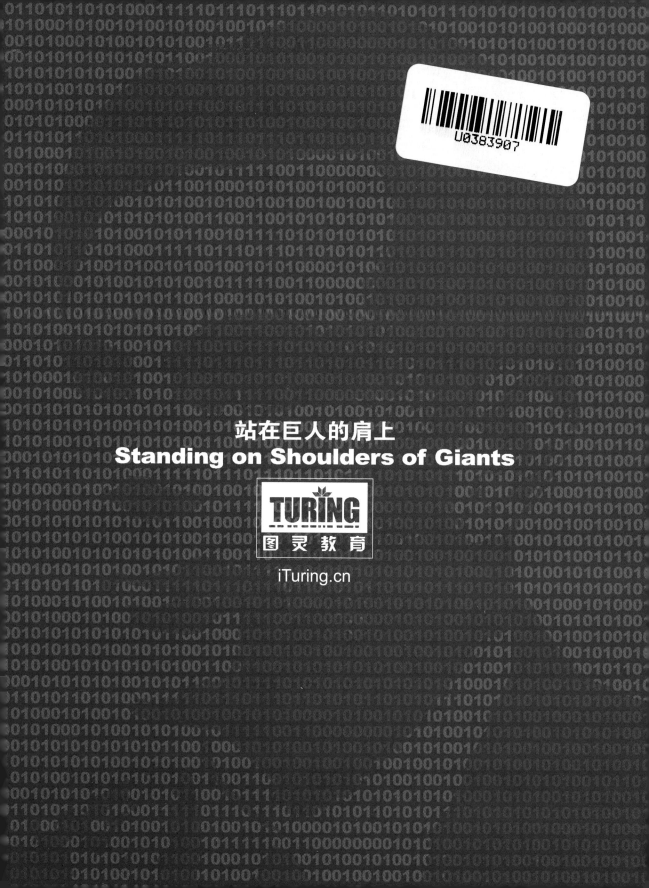

站在巨人的肩上
Standing on Shoulders of Giants

TURING
图灵教育

iTuring.cn

站在巨人的肩上
Standing on Shoulders of Giants

TURING
图灵教育

iTuring.cn

TURING 图灵程序设计丛书

Deep Learning with Hadoop

Hadoop
深度学习

[印] 迪帕延·德夫 著

范东来 赵运枫 封强 译

人民邮电出版社

北　京

图书在版编目（CIP）数据

Hadoop深度学习 / （印）迪帕延·德夫
(Dipayan Dev) 著；范东来，赵运枫，封强译. -- 北京：
人民邮电出版社，2018.5
　（图灵程序设计丛书）
　ISBN 978-7-115-48218-1

　Ⅰ．①H… Ⅱ．①迪… ②范… ③赵… ④封… Ⅲ．①
数据处理软件 Ⅳ．①TP274

中国版本图书馆CIP数据核字(2018)第064440号

内 容 提 要

本书主要目标是处理很多深度学习应用的热点问题并向读者披露解决方案的细节。主要内容分为7章：第1章介绍深度学习基础知识，第2章介绍大规模数据的分布式深度学习，第3章介绍卷积神经网络，第4章介绍循环神经网络，第5章介绍受限玻尔兹曼机，第6章介绍自动编码器，第7章介绍如何用Hadoop玩转深度学习。

本书适合人工智能相关专业师生，以及对深度学习在大数据领域的应用感兴趣的软件工程师。

◆ 著　　　 [印] 迪帕延·德夫
　 译　　　 范东来　赵运枫　封 强
　 责任编辑　岳新欣
　 执行编辑　杨 婷
　 责任印制　周昇亮

◆ 人民邮电出版社出版发行　　北京市丰台区成寿寺路11号
　 邮编　100164　电子邮件　315@ptpress.com.cn
　 网址　http://www.ptpress.com.cn
　 大厂聚鑫印刷有限责任公司印刷

◆ 开本：800×1000　1/16
　 印张：8.5
　 字数：201千字　　　　　　　2018年5月第 1 版
　 印数：1 – 3 500册　　　　　 2018年5月河北第 1 次印刷
　 著作权合同登记号　图字：01-2017-6477号

定价：39.00元
读者服务热线：(010)51095186转600　印装质量热线：(010)81055316
反盗版热线：(010)81055315
广告经营许可证：京东工商广登字 20170147 号

谨以此书献给我的父亲 Tarun Kumar Deb 和母亲 Dipti Deb。
也献给我的兄长 Tapojit Deb。

前　言

本书将教你如何使用 Hadoop 在深度神经网络中部署大型数据集，以实现最佳性能。

从了解什么是深度学习以及与深度神经网络相关的各种模型开始，本书将向你展示如何配置用于深度学习的 Hadoop 环境。

本书内容

第1章，深度学习介绍。深度学习在过去十年间已深入人心，由于功能增强了，其发展速度甚至超过了机器学习。这一章首先介绍了人工智能的现实应用、相关的挑战，以及深度学习为何能够有效地解决这些问题。通过解决一些主要的机器学习问题（如维度诅咒、梯度消失等），深入阐释了深度学习。为了后续各章内容的学习，后半部分讨论了各种类型的深度学习网络。该章主要适用于想了解深度学习的基础知识，但不需要深入了解各个深度神经网络细节的读者。

第2章，大规模数据的分布式深度学习。大数据和深度学习无疑是近段时间最热门的两大技术趋势。两者关系密切，过去几年中都呈现出了巨大的发展。这一章首先介绍了如何将深度学习技术用于大量非结构化的数据，并从中提取宝贵的隐藏信息。Google、Facebook、苹果等知名技术公司正在深度学习项目中使用这种大规模数据，以更智能的方式训练一些优秀的深度神经网络。然而，深度神经网络在处理大数据时遇到了一些挑战。这一章将详细说明这些挑战。后半部分介绍了 Hadoop，并探讨了如何使用 Hadoop 的 YARN 及其迭代 Map-Reduce 来实现深度学习模型。接着介绍了深度学习中一个流行的开源分布式框架：Deeplearning4j，并解释了其各种组件。

第3章，卷积神经网络。卷积神经网络是一种深度神经网络，广泛应用于顶尖技术产业的各种深度学习项目中。卷积神经网络在图像识别、视频识别、自然语言处理等各个领域都有广泛的应用。卷积是一种特殊的数学运算，是卷积神经网络的重要组成部分。为了学习卷积神经网络，这一章首先用现实生活中的一个示例说明了卷积的概念。接下来，通过对网络的每个组成部分进行说明，深入阐释了卷积神经网络。为了提高网络性能，卷积神经网络具有三个最重要的参数：稀疏连接、参数共享和平移不变性。这一章对这些概念进行了解释，以便更好地理解卷积神经网络。卷积神经网络还有一些关键的超参数，这些超参数有助于确定网络输出图像的维度。这一章还详细讨论了这些超参数之间的数学关系。后半部分重点介绍分布式卷积神经网络，并展示了如何使用 Hadoop 和 Deeplearning4j 来实现分布式卷积神经网络。

第 4 章，循环神经网络。循环神经网络是一种特殊的神经网络，可作用于长向量序列，以产生不同的向量序列。近年来，它们已成为可变长序列建模中极受欢迎的选择。循环神经网络已经成功应用于语音识别、在线手写识别、语言建模等领域。通过提供一些必要的数学关系和可视化表征，这一章详细阐释了循环神经网络的各种概念。循环神经网络拥有自己的"内存"来存储中间隐藏层的输出。"记忆"是循环神经网络的核心部分，这一章用合适的框图对其进行了讨论。此外，为了克服单向循环神经网络的局限性，这一章引入了双向循环神经网络的概念。随后，为了解决第 1 章中提到的梯度消失问题，讨论了循环神经网络中被称为"长短期记忆"的一个特殊单元。最后，使用 Deeplearning4j 在 Hadoop 中实现分布式深度循环神经网络。

第 5 章，受限玻尔兹曼机。这一章涵盖了第 3 章和第 4 章中讨论过的两种模型，并说明了它们是判别模型，还探讨了名为"受限玻尔兹曼机"的生成模型。在给定隐藏参数时，受限玻尔兹曼机能够随机生成可见的数值。该章首先介绍了"基于能量的模型"这一概念，并阐释了受限玻尔兹曼机和它的关系。此外，还讨论了一种被称为"卷积受限玻尔兹曼机"的特殊受限玻尔兹曼机，它是卷积和受限玻尔兹曼机的组合，有助于提取高维图像的特征。

这一章的后半部分介绍了深度信念网络，这是一种被广泛使用的、由几个受限玻尔兹曼机组成的多层网络。此外，还讨论了如何使用 Hadoop 在分布式环境中实现深度信念网络。最后讨论了如何使用 Deeplearning4j 实现受限玻尔兹曼机以及分布式深度信念网络。

第 6 章，自动编码器。这一章引入了一种称为"自动编码器"的生成模型，这种模型通常用于降维、特征学习或提取。该章首先解释了自动编码器的基本概念及其通用框图。自动编码器的核心结构基本上可分为编码器和解码器两部分。编码器将输入映射到隐藏层，而解码器将隐藏层映射到输出层。基础自动编码器的主要作用是将输入层的某些方面复制到输出层。这一章接着讨论了稀疏自动编码器，它基于隐藏层的分布式稀疏表征。随后深入介绍了包含多个编码器和解码器的深度自动编码器的概念，并提供了适当的示例和框图。该章后半部分对降噪自动编码器和堆叠式降噪自动编码器进行了说明。最后展示了如何使用 Deeplearning4j 在 Hadoop 中实现堆叠式降噪自动编码器和深度自动编码器。

第 7 章，用 Hadoop 玩转深度学习。这一章主要介绍分布式环境中三种最常用的机器学习应用的设计。该章讨论了如何使用 Hadoop 进行大规模的视频处理、图像处理和自然语言处理，阐释了如何在 Hadoop 分布式文件系统中部署大型视频和图像数据集，并使用 Map-Reduce 算法进行处理。对于自然语言处理，该章最后对其设计和实现进行了深入的说明。

阅读背景

我们希望本书的所有读者都具有一定的计算机科学背景。本书主要讨论不同的深度神经网络，以及其基于 Deeplearning4j 的设计和应用。为了更好地学习本书中的内容，你最好已掌握机器学习、线性代数、概率论、分布式系统和 Hadoop 的基础知识。为了使用 Hadoop 实现深度神经网络，本书广泛应用了 Deeplearning4j。运行 Deeplearning4j 所需的知识可以参考以下链接：https://deeplearning4j.org/quickstart。

读者对象

如果你是想学习如何在 Hadoop 上进行深度学习的数据科学家，那么本书很适合你。对机器学习的基本概念与 Hadoop 有一定的了解，将有助于你充分利用本书。

排版约定

在本书中，你会发现一些不同的文本样式。以下举例说明它们的含义。

嵌入代码、数据库表名、用户输入等用等宽字体表示，例如：".build()函数用于构建层。"

代码块的样式如下所示：

```
public static final String DATA_URL =
  "http://ai.stanford.edu/~amaas/data/sentiment/*";
```

当我们希望你注意代码块中的特定部分时，相关行或项目将以粗体显示：

```
MultiLayerNetwork model = new MultiLayerNetwork(getConfiguration());
Model.init();
```

新术语和重要内容会以黑体字显示。

 此图标表示警告或重要事项。

 此图标表示提示和技巧。

读者反馈

我们非常欢迎读者的积极反馈。如果你对本书有任何想法或看法，请及时反馈给我们，这将有助于我们出版充分满足读者需求的图书。一般性反馈请发送至电子邮箱 feedback@packtpub.com，并在邮件主题中注明书名。如果你擅长某个领域，并有意编写图书或是贡献一份力量，可以参考我们的作者指南：http://www.packtpub.com/authors。

客户支持

你现在已经是 Packt 的尊贵读者了。为了让你的购买物超所值,我们还为你准备了以下内容。

下载示例代码

你可以使用自己的账户从 http://www.packtpub.com 下载所有已购 Packt 图书的示例代码文件。如果你是从其他途径购买的本书,那么可以访问 http://www.packtpub.com/support 并注册,我们将通过电子邮件向你发送文件。

可以通过以下步骤下载示例代码文件。

(1) 使用电子邮件和密码登录或注册我们的网站。
(2) 将鼠标光标移到网站上方的 SUPPORT 标签。
(3) 单击 Code Downloads & Errata 按钮。
(4) 在搜索框中输入书名。
(5) 选择想要下载代码文件的图书。
(6) 从下拉菜单中选择购书途径。
(7) 单击 Code Download 按钮。

下载文件后,确保使用以下软件的最新版来解压文件:

❑ WinRAR / 7-Zip(Windows)
❑ Zipeg / iZip / UnRarX(Mac)
❑ 7-Zip / PeaZip(Linux)

也可以在 GitHub 上获取本书的代码包,具体网址为 https://github.com/PacktPublishing/Deep-Learning-with-Hadoop。另外,https://github.com/PacktPublishing 上还有其他图书的代码包和视频,你可以自行下载。

下载本书的彩色图片

我们还提供了一份 PDF 文件,其中包含了书中的截屏和图表等彩色图片,以帮助你更好地理解输出的变化。下载网址为 https://www.packtpub.com/sites/default/files/downloads/DeepLearningwithHadoop_ColorImages.pdf。

勘误

虽然我们已尽力确保书中的内容正确无误,但出错仍旧在所难免。如果在书中发现错误,不管是文本还是代码，希望你能够告知我们，我们将不胜感激。这样一来，你可以让其他读者免受挫败，也可以帮助我们改进本书的后续版本。如果发现任何错误，请访问 http://www.packtpub.com/submit-errata，选择本书，单击 Errata Submission Form 链接，并输入详细说明。[①]经过核实后，你提交的勘误内容将上传到官方网站或添加到现有的勘误表中。

访问 https://www.packtpub.com/books/content/support，在搜索框中输入书名后就可以在**勘误**（Errata）部分查看已经提交的勘误信息。

盗版

任何媒体都会面临版权内容在互联网上的盗版问题，Packt 也不例外。Packt 非常重视版权保护。如果你在互联网上发现了我们作品的非法复制版，不管该复制版以何种形式存在，请立即提供相关网址或网站名称，以便我们寻求补救。

请将可疑盗版材料的链接发至 copyright@packtpub.com。

维护作者的权益就是在维护我们继续为你带来价值的能力，感谢你对此作出的努力。

问题

如果你对本书内容存有任何疑虑，可以通过 questions@packtpub.com 联系我们，我们将尽最大努力解决问题。

电子书

扫描如下二维码，即可购买本书电子版。

---

① 中文版勘误可以在 http://www.ituring.com.cn/book/1940 中查看和提交。——编者注

目 录

第 1 章 深度学习介绍

> "到目前为止，人工智能的最大危险是人们过早地断定了他们了解人工智能。"
>
> ——Eliezer Yudkowsky

你是否想过，为什么即使是最顶尖的选手也很难在国际象棋比赛中战胜计算机？Facebook 如何在数亿张照片中识别出你的脸？你的手机如何识别你的声音并从数百个联系人中呼叫正确的人？

本书的主要目标就是处理这些查询，并提供详细的解决方案。本书可供多种读者阅读使用，但我们的目标读者主要有两类。第一类是学习深度学习和人工智能的本科生或研究生，第二类是对大数据、深度学习和统计建模有一定了解，但想快速了解如何将深度学习应用于大数据领域以及如何将大数据技术应用于深度学习领域的软件工程师。

本章将介绍深度学习的基本概念、术语、特性和主要挑战，主要是为读者打好基础。本章还提出了不同深度网络算法的分类，这些算法在最近十年被研究者广泛采用。本章涉及的主题如下：

- ❑ 开始深度学习之旅
- ❑ 深度学习的术语
- ❑ 深度学习——一场人工智能的革命
- ❑ 深度学习网络的分类

自人类文明诞生以来，人们总是梦想着建造人工机器或机器人，它们可以像人类一样运作和工作。从希腊神话人物到古印度史诗，历史中有许多这样的示例，它们清楚地表明了人们的兴趣和意向：创造并拥有人工生命。

在计算机时代的初期，人们就想知道计算机将来能否变得像人类一样聪明。后来，自动化机器开始变得不可或缺，即便在医学领域也是如此。随着这种需求和人们对这一领域的不断研究，**人工智能**（Artificial Intelligence，AI）已经是一种呈蓬勃发展之势的技术，在多个领域，如图像处理、视频处理以及许多其他医学工具，都得到了应用。

虽然人工智能解决了很多日常问题，但没有人知道编码人工智能系统的具体规则。比较直观的几个问题如下所示。

❑ Google 搜索，它在理解你输入或说出的内容方面做得很好。

❑ 像上文提到的，Facebook 在识别人脸方面也做得不错，从而可以理解用户的兴趣所在。

此外，随着各种其他领域的整合，如概率论、线性代数、统计学、机器学习和深度学习等，人工智能在研究领域备受青睐。

人工智能早期取得成功的一个关键原因是，它主要解决的是基本问题，而计算机在解决这些问题时不需要使用大量的知识。例如，1997 年，IBM 的深蓝计算机击败了国际象棋世界冠军 Garry Kasparov[1]。虽然这一成就在当时是很了不起的，但用国际象棋的有限规则来训练计算机绝对不算是一个繁重的任务。用固定且数量有限的规则来训练系统称为计算机的**硬编码知识**。许多人工智能项目都经历了用传统语言来描述世界不同领域的硬编码知识的阶段。随着时间的推移，这种硬编码知识似乎不再适用于处理拥有大量数据的系统。而且，数据遵循的规则数量也在不断地改变。因此，遵循这一系统的大多数项目并没有达到预期的高度。

要想克服这种硬编码知识所面临的困难，这些人工智能系统需要以某种方式从提供的原始数据中概括出模型和规则，而无需外部灌输。系统做这件事的熟练程度被称为**机器学习**。日常生活中有各种各样成功的机器学习实现，以下是几个最常见且最重要的实现。

❑ **垃圾邮件检测**：对于收件箱中的电子邮件，模型可以检测是将该电子邮件放在垃圾箱还是收件箱中。普通的朴素贝叶斯模型就可以区分这样的电子邮件。

❑ **信用卡欺诈检测**：模型可以检测在特定时间间隔内执行的多个交易是否是由最初的客户执行的。

❑ 最受欢迎的机器学习模型之一是 Mor-Yosef 等人在 1990 年提出的，该模型使用了逻辑回归，可以对患者是否需要剖腹产给出建议。

这样的模型有很多，它们是借助机器学习技术实现的，如图 1-1 所示。

图 1-1   不同类型的表征示例。假设需要训练机器来检测糖豆之间的空隙。图中右侧的糖豆稀疏，人工智能系统可以很容易就确定空隙。图中左侧的糖豆非常紧凑，找到空隙对机器来说是一个非常困难的任务（图像来自 USC-SIPI 图像数据库）

机器学习系统的性能主要取决于向系统提供的数据，这称为数据**表征**。与表征相关的所有信息称为数据的**特征**。例如，如果使用逻辑回归来检测患者是否患有脑肿瘤，那么人工智能系统不会尝试直接诊断患者。相反，相关医生需要将该患者的常见症状输入系统，接着人工智能系统会将输入的信息与用于训练系统的以往信息相匹配。

基于系统的预测分析，人工智能系统会对疾病做出诊断。虽然逻辑回归可以基于给定的特征来学习和决策，但它不能影响或修改特征的定义方式。逻辑回归是一种回归模型，基于自变量的因变量的可能值是有限的，这一点与线性回归不同。因此，如果提供给模型的是剖腹产患者的报告而不是脑肿瘤患者的报告，那么它肯定不能预测出正确的结果，因为给定的特征与训练的数据不匹配。

机器学习系统对数据表征的依赖对我们来说并非是未知的。事实上，大多数计算机理论都是基于数据表征而表现得更好。例如，模式设计会对数据库的质量产生影响。任何数据库查询的执行，哪怕是在百万甚至千万行的数据上查询，只要表格被正确索引，那么速度就会变得极快。因此，人工智能系统对数据表征的依赖也没什么可让人大惊小怪的。

日常生活中也有很多这样的示例，其中数据表征决定了我们的效率。从 20 人中找到一个人明显比从 500 人中找到一个人容易。图 1-1 就是两种类型的数据表征的可视化表示。

因此，如果向人工智能系统传递适当的特征数据，那么即便是最困难的问题也可以得到解决。然而，以正确的方式收集并传递系统期望的数据对于程序员来说是一大难题。

在许多实际场景中，提取特征可能是一件繁琐的事情。因此，数据的表征方式决定了系统智能的主要因素。

 如果特征不恰当，那么从人和猫的组合中找到猫将会是非常复杂的任务。我们都知道猫有尾巴，因此可能会想要将有尾部作为突出特征。然而，鉴于尾巴有不同的形状和大小，通常很难用像素值来准确地描述尾部。此外，尾巴有时可能会与人的手部混淆。另外，一些物体的重叠可能会导致看不到猫尾巴的存在，使得图像更加复杂。

从上述讨论可以得出一个确切的结论：人工智能系统的成功主要取决于输入数据的表征方式。除此之外，不同的表征还能捕获与保留能够解释数据差异性的那些隐藏因素（解释性因素）。

表征学习是解决这些特定问题时广泛使用的一种流行学习方法。表征学习可以定义为根据数据当前层的表征来推断下一层数据的表征。在理想情况下，所有的表征学习算法都有一个优势：它捕获隐藏的因素，而这一子集可能适用于每个特定的子任务。图 1-2 中给出了简单的说明，如下所示。

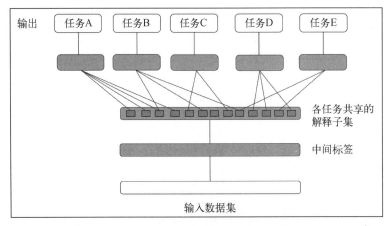

图 1-2　表征学习的简单说明。中间层能够发现解释性因素（蓝色方框中的隐藏层）。有
　　　　些因素解释了每个任务的目标，有些因素则解释了任务的输入

　　然而，从大量原始数据中提取高级数据和特征需要人类级别的理解力，这就有了局限。以下
就是这样的示例。

- 区分年龄相仿的两个婴儿的哭声。
- 识别猫眼在白天与黑夜的图像。因为猫眼在夜间会发光，所以完成这项工作并不轻松。

　　在所有这些极端情况中，表征学习并没有异常的表现，而是展现出了威慑行为。

　　深度学习是机器学习的一个子领域。通过构建多层次的表征或从一系列简单的表征和特征中
学习一个具有层次结构的特征集，深度学习能够解决表征学习的主要问题[2,8]。

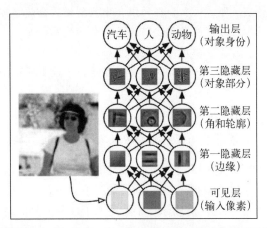

图 1-3　通过识别各种组合（如轮廓、角，可以用边缘来定义），此图展示了深度学习系
　　　　统如何显示人的图像。图片的转载获得了 Ian Goodfellow、Yoshua Bengio 和
　　　　Aaron Courville 的许可，来源于 The MIT Press 出版的 *Deep Learning* 一书

图 1-3 对深度学习模型进行了说明。就像将一系列不同的像素值构成一幅图像一样，用计算机解码这些原始的非结构化的输入数据通常是一件很繁琐的事。在理想情况下，转换像素值来识别图像的映射函数是很难实现的。此外，为这类映射直接训练计算机几乎是不可能的。为了应对这些类型的任务，深度学习会创建连接至期望输出的一系列映射子集，以解决这类难题。映射的每个子集对应于模型的一个层。输入层包含了可以观察的变量，因此处于可见层。我们可以从给定的输入中逐层提取数据的抽象特征。因为这些抽象的值在给定数据中是不可用或不可见的，所以这些层称为隐藏层。

在图 1-3 的第一隐藏层中，通过对相邻像素进行比较学习，可以轻易地识别出边缘。第二隐藏层可以将角和轮廓从第一隐藏层的边缘中区分开来。基于描述角和轮廓的第二隐藏层，第三隐藏层可以识别特定对象的不同部分，最终可以从第三隐藏层中检测出图中存在的不同对象。

深度学习由 Hinton 等人于 2006 年提出[2]；Bengio 等人在 2007 年将其用于解决 MNIST 数字分类问题。最近几年，深度学习经历了从数字识别向自然图像的物体识别的重大转变。除此之外，Krizhevsky 等人在 2012 年使用了 ImageNet 数据集，这实现了深度学习领域的一个重大突破。

本书的范围仅限于深度学习。因此，在进入主题之前，需要先明确与深度学习有关的概念。

在过去的 10 年间，许多学者从不同角度对深度学习进行了定义，但目前还没有一个统一的定论。以下是被广泛接受的两种定义。

❑ GitHub：深度学习是机器学习研究的一个新领域，其目的是让机器学习更接近其原始目标之一——人工智能。深度学习是学习多层次的表征和抽象的一种方法，有助于理解图像、声音和文本等数据。

❑ 维基百科：深度学习是机器学习的一个分支，它基于一组算法，通过线性或非线性的转换，尝试使用具有多个处理层的深度图来对数据中的高级抽象进行建模。

上述定义表明，也可以认为深度学习是一类特殊的机器学习。深度学习具有从各种简单特征中学习复杂表征的能力，这使其在数据科学领域获得了广泛的应用。为了进一步了解深度学习，我们列出了本书后面将经常使用的一些术语。接下来将给出各种术语和深度学习使用的重要网络，以帮助你奠定深度学习的基础。

1.1 开始深度学习之旅

开始本书的深度学习之旅前，你应当了解机器学习的所有术语和基本概念。如果已经充分了解了机器学习及其相关术语，那么你可以忽略本节，直接跳转到 1.2 节开始阅读。热于数据科学，同时想要彻底学习机器学习的读者，可以阅读 *Machine Learning*（Tom M. Mitchell，1997）[5]和 *Machine Learning: A Probabilistic Perspective*（2012）[6]这两本书。

注意，神经网络并不会产生奇迹，但合理地使用它们可以产生一些惊人的效果。

1.1.1   深度前馈网络

神经网络可以是循环的或前馈的。前馈网络在其网络图中并没有任何循环结构。具有多层次的网络称为深度网络。简单来说，任何具有两层或更多（隐藏）层的神经网络被定义为**深度前馈网络**或前馈神经网络。图 1-4 显示了深度前馈神经网络的一般形式。

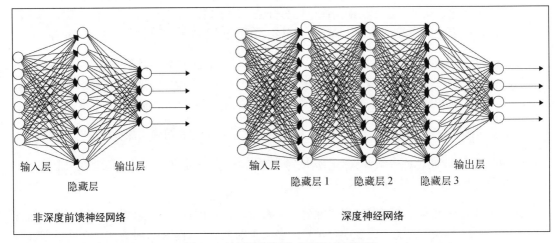

图 1-4   浅层前馈网络和深度前馈网络

深度前馈网络的工作原理是，随着深度的增加，网络可以执行更多的顺序指令。顺序指令可以提供很大的威力，因为它们可以指向较早的指令。

前馈网络的目的是对某个函数 f 进行通用化。例如，分类器 $y=f(x)$ 将输入值 x 映射到类别 y。深度前馈网络将该映射关系修改为 $y = f(x; \alpha)$，并学习参数 α 的值，从而得到最适合的函数值。图 1-4 是深度前馈网络的简单表示，它展示了深度前馈网络与传统神经网络的架构差异。

 注意，深度神经网络是具有多个隐藏层的前馈网络。

1.1.2   各种学习算法

数据集被认为是学习过程的基石。数据集可以定义为相互关联的数据的集合，该集合由多个独立的实体组成，但也可以根据使用场景将该集合当作单个实体。数据集的各个数据元素称为**数据点**。

图 1-5 是从社交网络分析中收集到的各种数据点的可视化表示。

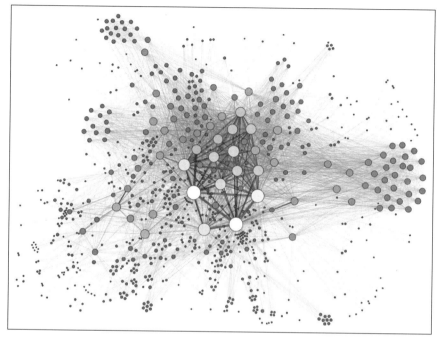

图 1-5 社会网络分析的分散数据点（图片来源于维基百科）

❑ **未标记的数据**：这部分数据由人为生成的对象组成，这些对象可以从周围环境中轻松获取，如 X 射线、日志文件数据、新闻文章、演讲、视频、推文等。

❑ **已标记的数据**：这部分数据是通过将一组未标记的数据进行标准化而得到的。这类数据通常是格式化的、已分类的、已标签化的，并且易于人类理解，以便进行进一步的处理。

从最高层面来看，机器学习技术可以根据不同的学习过程分为监督学习和无监督学习。

1. 无监督学习

在无监督学习算法中，给定的输入数据集没有期望的输出。在分析数据集时，系统从其经验中学习有意义的属性和特征。在深度学习中，系统通常会尝试从数据点的整体概率分布中学习。到目前为止，执行聚类的无监督学习算法有多种类型。简单地说，聚类将具有相似数据类型的多个数据点放入同一个簇中。但是，通过这种学习，其最终输出不会提供任何反馈，也就是说，不会有任何老师来纠正你的错误。图 1-6 展示了无监督聚类。

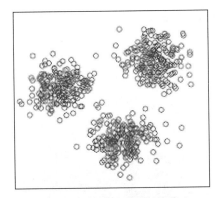

图 1-6 简单的无监督聚类

Google News 是无监督聚类算法在现实生活中的一个实际应用。在 Google News 中打开某个主题时,将显示重定向到多个页面的超链接。每一个主题都可以看作是指向各个独立链接的超链接集群。

2. 监督学习

与无监督学习不同,监督学习中的期望输出与每一步经验相关联。系统被赋予一个数据集,同时它已经知道了期望的输出是什么,并了解每个相关层的输入和输出间的正确关系。这种学习类型通常用于分类问题。

监督学习的可视化说明如图 1-7 所示。

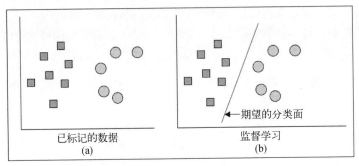

图 1-7 基于监督学习的数据分类

监督学习的现实示例包括面部检测、面部识别等。

虽然监督学习和无监督学习看起来不同,但它们往往通过各种方式联系在一起。因此,这两种学习方法之间的细微差异往往是模糊的。

可以使用以下的数学表达式来表达前面的陈述。

概率的一般乘积法则表明，对 n 个数据集（$n \varepsilon \mathbb{R}^t$）来说，其联合概率分布如下所示：

$$p(n) = \sum_{i=0}^{k} p(n_i \mid n_1, n_2, \cdots, n_{i-1})$$

这个分布表明，无监督问题可以转换为 t 个监督问题来解决。除此之外，$p(k \mid n)$ 的条件概率是个监督问题，可以通过使用无监督学习算法求得 $p(n, k)$ 的联合概率来解决。

$$p(k \mid n) = \frac{p(n, k)}{\sum_r p(n, r)}$$

虽然这两类问题不能完全地独立，但它们有助于基于执行的操作来区分机器学习和深度学习算法。通常来说，簇的形成、基于相似性识别人群密度等称为无监督学习，而结构化的输出、回归、分类等问题称为监督学习。

3. 半监督学习

顾名思义，这种类型的学习在训练期间同时使用已标记和未标记的数据。这是一类在训练过程中使用大量未标记数据的监督学习。

例如，半监督学习可以用于深度信念网络（稍后解释），这是一种深度网络，网络中的一部分层用于学习数据的结构（无监督学习），有一层用于学习如何对数据进行分类（监督学习）。

在半监督学习中，给定 n 或 $p(k \mid n)$ 的概率，使用未标记的数据 $p(n)$ 与已标记的数据 $p(n, k)$ 来预测 k 的概率。

如图 1-8 所示，顶部显示了模型用于区分白色和黑色圆圈的决策边界，底部则显示了模型所包含的另一个决策边界。在该数据集中，除了不同类别的两个圆圈外，还附有一组未标记的数据（灰色圆圈）。这个训练过程可视为创建集群，接着用已标记的数据进行标记，从而将模型的决策边界从高密度数据区域移走。

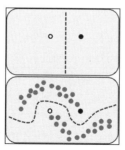

图 1-8　大量未标记数据对半监督学习技术的影响（图片来源于维基百科）

你可以通过 Chapelle 等人的著作[7]获取更多有关半监督学习方法的信息。

因为已经对人工智能、机器学习和表征学习有了基本的了解，所以你现在可以将学习的重心放在深度学习上。

从前面提到的定义可以看出，深度学习具有两大特点，如下所示。

❑ 通过后续抽象层的连续知识传递，对特征的表征进行无监督学习和监督学习的一种方式。
❑ 由处理非线性信息的多个抽象阶段组成的一个模型。

1.2　深度学习的相关术语

❑ **深度神经网络（DNN）**。可以将深度神经网络定义为具有多个隐藏层的多层感知器。各层的所有权值彼此完全连接，并接收来自上一层的连接。可以通过监督学习或无监督学习对权值进行初始化。

❑ **循环神经网络（RNN）**。循环神经网络是一种专门用于从时间序列或语音、视频等序列数据中学习的深度学习网络。循环神经网络的主要概念是，需要为下一个状态保留前一个状态的观察结果。近年来，循环神经网络在深度学习中的热门话题是**长短期记忆**。

❑ **深度信念网络（DBN）**。这种类型的网络[9,10,11]可定义为具有可见层和多个（隐藏）潜在变量层的概率生成模型。每个隐藏层通过学习在下层神经元间建立统计关系。网络层次越高，其关系就越复杂。可以使用逐层贪婪训练法对这种类型的网络进行有效的训练，以自下而上的方式依次训练所有隐藏层。

❑ **玻尔兹曼机（BM）**。玻尔兹曼机可定义为一种对称连接的、神经元状的网络，它能够随机决定保持开启或关闭。玻尔兹曼机通常具有简单的学习算法，因而可以从训练数据集中发现代表复杂规律的许多有趣的特征。

❑ **受限玻尔兹曼机（RBM）**。受限玻尔兹曼机是一种生成式随机人工神经网络，是一种特殊的玻尔兹曼机。这类网络具有在数据集合上学习概率分布的能力。受限玻尔兹曼机由一层显元和一层隐元组成，但是连接只会存在于显元与隐元之间。

❑ **卷积神经网络（CNN）**。卷积神经网络是神经网络的一部分，各层彼此稀疏地连接，并连接至输入层。后续层的每个神经元仅负责输入的一部分。深度卷积神经网络在位置识别、图像分类、人脸识别等领域取得了一些无与伦比的成绩。

❑ **深度自动编码器**。深度自动编码器是一种具有多个隐藏层的自动编码器。这类网络可以作为一堆单层自动编码器来进行预训练。模型训练过程通常很困难：首先需要训练第一个隐藏层来重构输入数据，接着用输入数据来训练下一个隐藏层，以重构前一个隐藏层的状态，以此类推。

❑ **梯度下降（GD）**。这是在机器学习中广泛使用的一种优化算法，可用于确定函数（f）的系数，它降低了整个代价函数。梯度下降主要用于不可能通过分析（如线性代数）来计算所需参数时。

在梯度下降中，模型的权值随着训练数据集的每次迭代逐步更新。

代价函数 $J(w)$ 及平方误差之和如下所示：

$$J(w) = \frac{1}{2} \sum_j \left(\text{target}^{(j)} - \text{output}^{(j)} \right)^2$$

以一定的步长与反向梯度计算权值更新的量级与方向，具体公式如下所示：

$$\Delta W_i = -\eta \frac{\delta J}{\delta W_i}$$

在前面的等式中，η 是网络的学习速率。每轮迭代后，权值按照以下规则逐步更新：

```
for one or more epochs,
  for each weight i,
    w_i := w + Δw_i
  end
end
```

在此示例中，$\Delta w_i = \eta \sum_j (\text{target}^{(j)} - \text{output}^{(j)}) x_i^{(j)}$。

使用梯度下降进行优化的流行示例是逻辑回归和线性回归。

❏ **随机梯度下降**（Stochastic Gradient Descent，SGD）。在大量数据集上运行的各种深度学习算法都基于一种名为"随机梯度下降"的优化算法。梯度下降仅在小数据集上表现良好。然而，在大规模数据集的情况下，这种方法的开销非常大。在梯度下降中，遍历整个训练数据集需要更新权值一次，因此，随着数据的不断增加，整个算法会越来越慢。权值只能以非常缓慢的速度更新，因此，算法收敛到全局最优成本所需的时间就延长了。

因此，为了处理这种大规模的数据集，开始采用一种演化后的梯度下降算法：随机梯度下降法。与梯度下降不同，权值在训练数据集的每次迭代后更新，而不是遍历整个数据集后更新。

```
until cost minimum is reached
  for each training sample j:
    for each weight i
      w_i := w + Δw_i
    end
  end
end
```

在此示例中，$\Delta W_i = \eta (\text{target}^{(j)} - \text{output}^{(j)}) x_i^{(j)}$。

近几年来，深度学习得到了广泛的普及，成为许多应用学科的研究领域的交汇点，如模式识别、神经网络、图形建模、机器学习和信号处理等。

深度学习如此流行的其他原因可以归结为以下几条。

❑ 近年来，GPU（Graphical Processing Units，图形处理器）的能力急剧提升。

❑ 用于模型训练的数据集的数据大小显著增加。

❑ 机器学习、数据科学和信息处理方面的近期研究已经取得了一些实质性的进展。

本章剩余部分将对所有这几点进行详细说明。

1.3 深度学习——一场人工智能革命

本书不会探讨深度学习的悠久历史。但为了认识并理解这个领域，还是需要了解一些基本的背景知识。

我们已经在前文中简单地介绍了深度学习在人工智能领域的地位。本节将详细介绍机器学习和深度学习的异同，并讨论这两个主题在过去十多年间的发展趋势。

> "深度学习的海浪已拍打计算语言学的海岸多年，但 2015 年似乎是海啸全力袭击主要的自然语言处理会议的一年。"

——Christopher D. Manning 博士，2015 年 12 月

深度学习在人工智能领域的影响力正迅速扩大，其惊人的实证结果令许多研究人员震惊。机器学习和深度学习代表了两种不同的思想学派。可以将机器学习视为人工智能最根本的方法，而深度学习则是新的、拥有巨大潜力的、同时还添加了其他功能的学科。

然而，机器学习往往并不能完全解决人工智能的许多关键问题，如语音识别、对象识别等。

随着随机变量数目的不断增加，在处理高维数据的计算时，传统算法的性能受到了很大的挑战。此外，在传统机器学习方法中实现泛化的过程并不足以在高维空间中学习复杂的义务，因为后者通常会使得模型训练的计算成本更高。机器学习基本算法的"崩溃"推动了深度学习的发展，其目的就是克服上述障碍。

大量的研究人员和数据科学家都认为，随着时间的推移，深度学习将成为人工智能的主要部分，并终将替代机器学习算法。为了证明这一点，我们研究了这两个领域当前的 Google 趋势，并得出以下结论。

❑ 机器学习曲线在近十年一直处于增长趋势。虽然深度学习出现较晚，但仔细观察其趋势可以发现，与机器学习相比，深度学习的增长速度更快。

图 1-9 和图 1-10 展示的都是 Google 趋势的可视化。

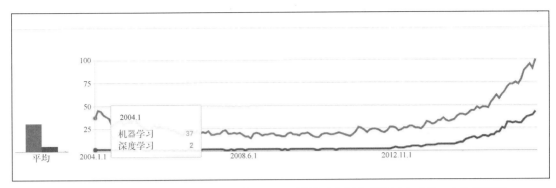

图 1-9 深度学习十年前还处于初始阶段，而机器学习在研究者社区中已是一个热门话题

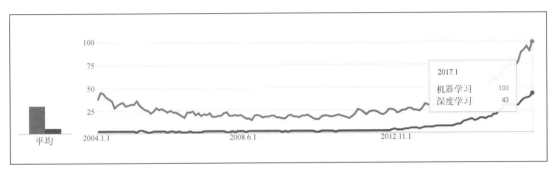

图 1-10 近来，深度学习日益流行，并试图达到机器学习的水平

深度学习的动机

机器学习算法面临的最大问题之一就是**维度的诅咒**[12,13,14]。维度的诅咒是指，当数据集中的维数很高时，某些学习算法可能表现不佳。我们将在下一节中探讨深度学习是如何引入新特性来解决这个问题的。机器学习算法还有许多其他相关问题，在处理这些问题时，深度架构与传统架构相比有显著的优势。本节会将明显的挑战作为单独的话题进行讨论。

1. 维度的诅咒

维度的诅咒可以定义为在高维空间（数千甚至更高的维度）分析和组织数据的过程中产生的一种现象。当数据集的维数很高时，机器学习问题就会面临极大的困难。以下是高维数据难以处理的原因。

❑ 随着维度的增加，特征的数量将呈指数级增长，最终会导致噪声的增加。
❑ 无法在标准实践中获得足够多的观察值来泛化数据集。

对维度诅咒的简单解释就是**组合爆炸**。根据组合爆炸理论，大量变量的集合可以构建巨大的组合。例如，n 个二进制变量的可能组合数是 $O(2^n)$ 个。因此，在高维空间中，配置项数几乎是不可数的，并远远大于样本数量，而且大多数配置项都不会有与自身相关联的训练样本。图 1-11 展示了一个类似现象的图示，以便你更好地理解。

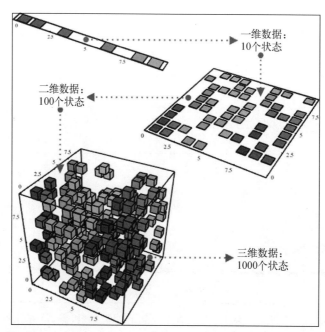

图 1-11　随着维数从一增加到三，随机变量的数量呈指数级增长（图片来源于 Nicolas Chapados 的文章 "Data Mining Algorithms for Actuarial Ratemaking"，已获得转载许可）

因此，这种情况对任何机器学习模型来说都是棘手的，因为训练是极其困难的。休斯效应[15]指出：

"在训练样本数量固定的情况下，预测能力随着维度的增加而降低。"

因此，随着解释变量数目的增加，模型能够达到的精度迅速下降。

为了应对这种情况，我们需要将输入系统的样本数据集的大小增加到与场景相符合的程度。然而，由于数据的复杂性也在增加，其维数几乎可以达到 1000。对于这种情况，即使拥有数亿图像的数据集也是不够用的。

通过自身的深层网络配置，深度学习在一定程度上解决了这个问题。这主要归结于以下原因。

❏ 现在，研究人员能够在输入训练样本之前重新定义网络结构，并以此来管理模型的复杂性。
❏ 深度卷积网络侧重于数据的高级特征，而忽略底层信息，这进一步降低了特征的维度。

　　虽然深度学习网络已经提出了处理维度诅咒的一些可行解决方案，但还不足以完全解决问题。在最近的超深层神经网络的研究中，微软提出了一个150层的网络，从而使得参数空间变得更大了。该研究小组甚至进行了深度几乎达到1000层的深层网络的研究。但由于模型的**过拟合**，其最终效果并不理想。

机器学习中的过拟合：过度训练模型，进而对其性能产生负面影响，这种现象称为模型的过拟合。当模型学习了训练数据集的随机波动和不需要的噪声时，这种情况就会发生。这些现象会产生不好的后果：模型在新的数据集中表现较差，并对其泛化能力产生不利影响。

机器学习中的欠拟合：这是指模型在当前数据集和新数据集中都表现较差。这类模型是不适合的，在新据集上表现不佳。

　　在图1-11的一维示例（顶部）中，因为只有10个感兴趣的区域，所以学习算法进行正确的概括并不是一项艰巨的任务。然而，在更高维度的三维示例（底部）中，模型需要跟踪所有（10×10×10=1000个）感兴趣的区域，这要复杂得多（对模型而言，这几乎是一个不可能完成的任务）。这就是维度诅咒中最简单的一个示例。

2. 梯度消失问题

　　梯度消失问题[16]是在训练人工神经网络时发现的一种障碍，它出现在基于梯度的方法中，如反向传播。在理想情况下，这一难题使得网络上一层的学习和训练变得非常困难。当深度神经网络的层数大幅增加时，这种情况会变得更加糟糕。

　　通过梯度的负值乘以小标量值（0~1），梯度下降算法可以更新权值。

　　重复计算，直到 $\dfrac{\partial J}{\partial W_{ij}^{\text{layer}}} \to 0$：

$$W_{ij}^{\text{layer}} := W_{ij}^{\text{layer}} - \alpha \frac{\partial J}{\partial W_{ij}^{\text{layer}}}$$

　　在上述等式中，重复计算梯度直到其值为零。理想情况下，通常会设置一些超参数来控制模型的最大迭代次数。如果迭代次数过高，训练的持续时间也会更长。另一方面，如果对于某个深度神经网络来说，迭代次数变得难以察觉，那么肯定会得到不准确的结果。

　　在梯度消失问题中，与前层的参数相比，网络输出的梯度会变得极小，从而导致每次迭代的权值不会有任何显著的变化。因此，即使前层的参数值发生了大幅变化，这对整体输出也不会有显著的影响。这个问题会使得深度神经网络的训练变得不可行，让模型的预测能力变得不理想。这种现象就称为梯度消失问题。这会导致一些长代价函数，如图1-12所示。

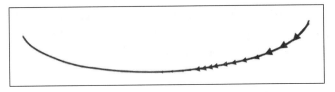

图 1-12   平坦的梯度与长代价函数的图像

图 1-13 还显示了具有大梯度的一个示例，其中梯度下降可以快速收敛。

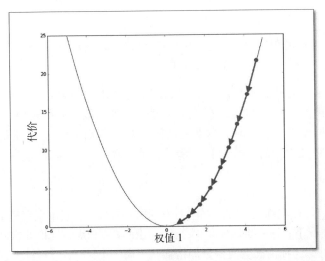

图 1-13   具有大梯度的代价函数的图像；梯度下降可以更加快速地收敛

梯度消失问题是深度学习成功路上的重大挑战，但现在由于各种技术的出现，一定程度上克服了这个问题。1997 年提出的**长短期记忆网络**是解决这个问题的重大突破之一，详细介绍参见第 4 章。另外，一些研究人员试图使用不同的技术来解决这个问题，其中包括特征生成、激活函数等。

3. 分布式表征

几乎所有的深度网络都基于分布式表征这一概念，后者是深度学习算法成功背后的理论优势的核心。在深度学习的背景下，分布式表征是多尺度的，并与理论化学和物理学的多尺度建模密切相关。分布式表征背后的基本思想是，感知特征是多个因素共同作用的结果，这些因素组合在一起以产生期望的结果。日常生活中的示例可能是人类的大脑，它使用分布式表征来辨别周围的物体。

人工神经网络将以这类表征方式构建，以便拥有代表模型所需的众多特征和层次。该模型用相互依赖的多个层来描述数据（如语音、视频或图像），其中每个层负责描述不同尺度级别的数据。通过这种方式，表征将分布在多个层上，涉及不同的尺度。因此，这种表征称为分布式表征。

 分布式表征本质上是密集的。两种类型的表征之间遵循多对多的关系。一方面，可以使用多个神经元来表示一个概念；另一方面，一个神经元描绘了多个概念。

使用非分布式表征的传统聚类算法（如最近邻算法、决策树或高斯混合）都需要 $O(N)$ 个参数来区分 $O(N)$ 个输入区域。在某个时间点，人们几乎不相信有任何其他算法能够表现得比这更好。然而，稀疏编码、受限玻尔兹曼机、多层神经网络等深度网络可以用 $O(N)$ 个参数来区分 $O(2^k)$ 个输入区域（其中 k 表示稀疏表征中非零元素的总数，在其他非稀疏受限玻尔兹曼机和密集表征中 $k=N$）。

在这类操作中，要么在输入数据的不同部分应用相同的聚类操作，要么并行地应用多个聚类操作。这种对分布式表征的概括操作称为多重聚类。

使用分布式表征的一大优势源于在多个样本中重用一个参数，而这些样本不一定要相似。例如，受限玻尔兹曼机在这种场景下就可能是一个合适的示例。然而，通过局部泛化，输入空间中的非相同区域仅受各自私有参数的影响。

分布式表征的主要优点如下。

❑ 数据内部结构的表征在抗干扰与优雅降级方面是健壮的。
❑ 它们有助于概括数据间的概念和关系，从而实现推理能力。

图 1-14 展示了分布式表征的一个现实示例。

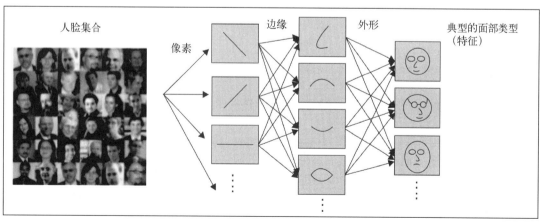

图 1-14　分布式表征如何帮助模型区分图像中各种类型的表情

1.4   深度学习网络的分类

机器学习中的**人工神经网络**通常被许多研究人员称为新一代神经网络。大多数学习算法都是人工构建的，以便系统能够准确地模仿生物大脑的学习方式。这就是**人工神经网络**这个名称的由来。从历史上看，深度学习的概念起源于**人工神经网络**，前者的实践始于 20 世纪 60 年代，甚至更早。随着深度学习的兴起，人工神经网络在研究领域越来越受欢迎。

多层感知机（Multi-Layer Peceptron，MLP）或**深度神经网络**（具有多个隐藏中间层的前馈神经网络）是深度结构模型的良好示例。1965 年，Ivakhnenko 和 Lapa 发布了第一个流行的深度结构模型，采用了监督学习的深度前馈多层感知机[17]。

Alexey Ivakhnenko 致力于更好地预测河流中的鱼类种群，1971 年，他在一份论文中采用了**数据分组处理算法**（group method of data handling algorithm，GMDH），该算法试图阐释一种具有 8 个训练层的深度网络，该论文被认为是 20 世纪最受欢迎的论文之一[18]。图 1-15 显示了具有 4 个输入的 GMDH 网络。

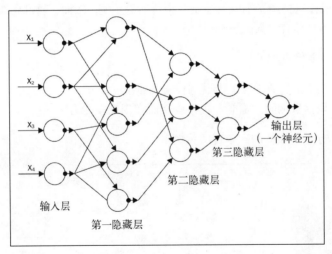

图 1-15 GMDH 网络具有 4 个输入（输入向量 x 的分量）和一个输出 y（函数的估计值 $y=f(x)$）

20 世纪 80 年代普及的**反向传播**（Backpropagation，BP）是用于学习类似网络的参数的一种知名算法。但由于各方面的原因，具有多个隐藏层的网络难以处理，因此反向传播算法未能达到预期的高度[8,19]。此外，反向传播学习使用基于局部梯度信息的梯度下降算法，这些操作从一些随机的初始数据点开始。随着网络传播深度的增加，算法往往被收集在一些不需要的局部最优解中，因此，结果通常并不理想。

一种高效的无监督学习算法很好地解决了深度结构模型的**最优化问题**，该算法是在两篇论文中提出的[8,20]。这两篇论文介绍了名为**深度信念网络**的一类深度生成模型。

2006 年，具有非生成、非概率特征的两种无监督深度模型问世，并立即成为了研究热点。一种是基于能量的无监督模型[21]，另一种是带有训练层的自动编码器的变体，与之前的深度信念网络训练[3]类似。与深度信念网络一样，这两种算法都可以用于有效地训练深度神经网络。

自 2006 年以来，对深度学习的研究发生了爆炸式增长。除了传统的浅层机器学习技术，该领域持续呈指数级增长。

基于本章前面提过的学习技巧，根据所使用的技术和结构，深度学习网络大致可以分为两个组别。

1.4.1 深度生成或无监督模型

许多深度学习网络都属于这一类，如受限玻尔兹曼机、深度信念网络、深度玻尔兹曼机、降噪自动编码器等。其中的大多数可以通过网络中的采样产生样本，而其他的网络（如稀疏编码网络等）难以采样，因此在本质上不具有生成的能力。

深度玻尔兹曼机[22~25]是一种流行的深度无监督模型。传统的深度玻尔兹曼机包含许多层的隐变量，但同一层内的变量间没有连接。虽然具有更简单的算法，但传统的**玻尔兹曼机**对于研究来说太过复杂，并且训练速度非常缓慢。在深度玻尔兹曼机中，每一层利用上一层隐藏特征间的联系获得更高阶复杂度的相关性。现实生活中，如果需要学习复杂的内部表征问题（如对象和语言识别），那么可以使用深度玻尔兹曼机来轻松解决。

具有一个隐藏层的深度玻尔兹曼机称为**受限玻尔兹曼机**。与深度玻尔兹曼机类似，受限玻尔兹曼机的每一层内不存在连接。受限玻尔兹曼机的关键属性在于，多个受限玻尔兹曼机可以组成一个层叠结构。随着多个隐藏层的构建，当前受限玻尔兹曼机的输出（激活特征）会充当下一层受限玻尔兹曼机的输入。这种体系结构产生了一种不同类型的网络——**深度信念网络**。第 5 章将详细讨论受限玻尔兹曼机和深度信念网络的各种应用。

深度信念网络的一个主要组件是层的集合，它们会降低网络深度和线性时间复杂度。除了通过从一些特定的初始化数据点开始训练，可以克服反向传播的主要缺点（局部最优），深度信念网络还具有其他吸引人的特征，其中包括如下几个。

- ❑ 深度信念网络是一种概率生成模型。
- ❑ 由于具有数亿个参数，深度信念网络通常会出现过拟合问题。此外，由于其数据集庞大，深层架构经常遇到欠拟合的问题。这两个问题都可以在训练前有效地解决。
- ❑ 深度信念网络能够有效地使用未标记的数据。

和积网络（sum-product network，SPN）[26,27]是一个可以用于无监督（和监督）学习的深度生成网络，可以将其视为一个有向无环图，其中的叶子节点是观测的变量，内部节点是和与积节点。"和"节点可以看成是变量在集合上的混合,"积"节点构成特征层次结构。使用期望–最大化算法和反向传播算法来训练和积网络。学习和积网络的主要障碍是,随着训练层次的加深,梯度会迅速减弱。具体地说,从条件似然函数的导数生成的普通深度神经网络的标准梯度下降算法会遇到很大困难。减少这一问题的解决方案是,用潜在变量的最可能状态来替代不重要的推理,并通过这个方法来传播梯度。Domingo 和 Gens 提出了对小规模图像识别的一种特殊结果[28]。为了更好地理解这个结果,图 1-16 展示了和积网络的一个示例,它显示了和积网络的框图。

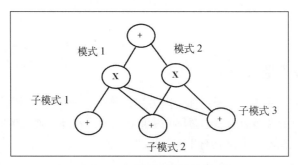

图 1-16 和积网络的结构

循环神经网络是另一种流行的深度生成网络,可用作无监督(和监督)学习。这种网络的深度直接取决于输入数据序列的长度。在无监督的循环神经网络模型中,以往数据的样本可用来预测未来的数据序列。在处理序列化文本或语音时,循环神经网络的表现非常好,但由于梯度消失问题,其受欢迎程度近来有所下降[16,29]。Hessian-free 优化[30]使用随机曲率估计在一定程度上克服了该问题。最近,Bengio 等人[31]和 Sutskever[32]提出了不同的变体来训练循环神经网络,其性能优于 Hessian-free 优化模型。第 4 章将进一步阐明循环神经网络。

在无监督深度网络的其他子类中,基于能量的深度模型大多是已知的结构[33,34]。深度网络的无监督模型的典型示例是深度自动编码器。深度自动编码器的大多数变体在本质上还是生成模型,但其特性和实现通常彼此不同。典型示例有预测稀疏编码器、转换自动编码器、降噪自动编码器及其堆叠式版本等。第 6 章将对自动编码器进行详细说明。

1.4.2 深度判别模型

监督学习中使用的判别技术大多是浅层结构,如隐马尔可夫模型[35~41]或条件随机场模型。然而,最近提出了一种具有深度结构的条件随机场模型,该模型可将较低层的输出作为较高层的输入。具有深度结构的条件随机场模型已有多个版本,并已成功运用于自然语言处理、手机识别、语言识别等领域。虽然判别模型对深度结构来说是成功的,但还未达到预期的效果。

正如上一节中提过的,循环神经网络已用于无监督学习。然而,循环神经网络也可以当作判别模型,并用于监督学习。在这种情况下,输出变成了与输入数据序列相关的标签序列。语音识别技术在很久以前就开始使用这种判别循环神经网络模型了，但几乎没有成功的先例。有论文[42]使用隐马尔可夫模型将循环神经网络分类结果模拟成标签序列，但由于一些原因，使用隐马尔可夫模型并没有充分利用循环神经网络的全部功能。

最近，有人为循环神经网络开发了一些其他的方法和模型，其基本思想是将循环神经网络的输出视为一系列条件分布，并分布在可能的输入序列上[43~46]，这有助于循环神经网络将长短期记忆嵌入其模型以进行序列分类。这种方法的主要好处是，它既不需要对训练数据集进行预分割，也不需要对输出进行后处理。数据集的分割基本上由算法自动执行，并且可以导出一个可微的目标函数来优化标签序列上的条件分布。这类算法广泛应用于手写识别中。

另一种更受欢迎的判别深度结构是**卷积神经网络**。在卷积神经网络中，每个模块包含一个卷积层和一个池化层。为了形成一个深度模型，模块通常要堆叠在另一个模块之上，或者其顶部要有一个深度神经网络。卷积层有助于权值的共享，而池化层隔离卷积的输出，从而对前一层数据率进行最小化。卷积神经网络公认是一个高效的模型，特别适用于图像识别、计算机视觉等任务。最近，随着对卷积神经网络设计的具体修改，事实证明该模型在语音识别中同样有效。**时延神经网络**（time-delay neural network，TDNN）[47,48]源自早期的语音识别，是一类特殊的卷积神经网络，也可以认为是卷积神经网络的前身。

在这类模型中，权值共享仅限于时间维度，且不存在池化层。第 3 章将深入讨论卷积神经网络的概念和应用。

深度学习及其各类模型有着广泛的应用。许多顶尖的技术公司（如 Facebook、微软、Google、Adobe、IBM 等）都在使用深度学习。除了计算机科学外，深度学习也为其他的科学领域做出了宝贵的贡献。

用于识别对象的当代卷积神经网络模型已经对视觉处理有了深入的理解，甚至神经科学家也可以进一步探索视觉处理。深度学习还提供了处理大规模数据以及在科学领域进行预测所需要的必要工具。该领域在预测分子的行为以便增强药物研究方面也非常成功。

总而言之，深度学习是机器学习的一个子领域。由于广泛的适用性，机器学习的实用性和普及性近年来极大地增长。然而，为了进一步改善深度学习并探索新领域，未来几年将充满机遇和挑战。

为了帮助你更深入地了解深度学习，以下列出了一些优秀的、经常更新的在线阅读列表。

http://deeplearning.net/tutorial/
http://ufldl.stanford.edu/wiki/index.php/UFLDL_Tutorial
http://deeplearning.net/reading-list/

1.5 小结

在过去的十年中，我们有幸见证了许多伟大的科学家和从事人工智能的公司在深度学习领域的伟大发明。深度学习是机器学习的一种方法，近几年来，它的实用性和普及性呈现出巨大的增长。原因主要在于它能够处理具有高维数据的大型数据集，解决诸如梯度消失问题等重大问题，并且可以训练更深层的网络。本章详细解释了这些概念，并对深度学习的各种算法进行了分类，后续章节将详细阐述。

下一章将介绍大数据与深度学习的关联，主要关注从大规模数据中提取有价值的信息时，深度学习是如何发挥重要作用的。

第 2 章

大规模数据的分布式深度学习

2

"除了上帝，我们只相信数据！"

——W. Edwards Deming

在数据呈指数级增长的这个数字世界中，大数据和深度学习是最热门的两个技术趋势。深度学习和大数据是数据科学领域中相互关联的两个话题，而在技术发展方面，两者紧密关联且同样重要。

数字数据和云存储遵循名为摩尔定律[50]的通用定律，该定律认为世界数据每两年会翻一倍，而存储该数据的成本却大致以相同的速率下降。这些丰富的数据产生了更多的特征和真理，因此，为了从中提取所有有价值的信息，我们应当创建更好的深度学习模型。

数据的高可用性也为多个行业带来了巨大机遇。此外，大数据及其分析为数据挖掘、数据应用和从数据中提取隐藏信息带来了巨大挑战。在人工智能领域，深度学习算法会在对大规模数据的学习过程中产生最佳输出。因此，随着数据以前所未有的速度增长，深度学习在提供大数据分析解决方案方面也起着至关重要的作用。

本章将深入讲解深度学习模型在大数据上的表现，并揭示相关的挑战。本章后半部分将介绍Deeplearning4j，它是一个开源分布式框架，能够与 Hadoop 和 Spark 集成，用于部署基于大规模数据的深度学习。本章将提供一些示例来展示如何使用 Deeplearning4j 实现基本的深度神经网络，以及其与 Apache Spark 和 Hadoop YARN 的集成。

本章涉及的主题如下：

❑ 海量数据的深度学习
❑ 大数据深度学习面临的挑战
❑ 分布式深度学习和 Hadoop
❑ 深度学习的开源分布式框架——Deeplearning4j
❑ 在 Hadoop YARN 上配置 Deeplearning4j

2.1　海量数据的深度学习

在这个 EB 数据规模时代，数据正以指数级速度增长。出于各种目的，许多组织和研究人员以不同方式对数据的快速增长进行了分析。国际数据公司（International Data Corporation，IDC）的调查显示，互联网每天处理约 2PB（1PB=1024TB，1TB=1024GB）的数据[51]。2006 年，数字数据的规模约为 0.18ZB（1ZB=1024EB，1EB=1024PB），而到 2011 年，这一规模已经增加到 1.8ZB。截至 2015 年，该数字已经达到 10ZB 的规模。预计到 2020 年，全世界的数据量将增长到 30~35ZB。该数据增长的时间线如图 2-1 所示。在数字世界中，这些海量数据正式称为大数据。

"大数据世界正在兴起。"

——《经济学人》，2011 年 9 月

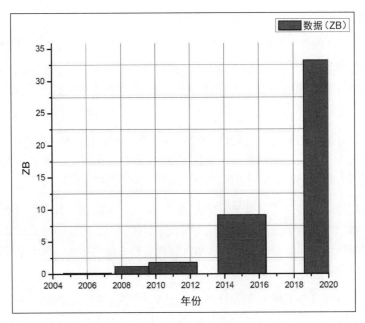

图 2-1　近 20 年的数据增长趋势

Facebook 有 2 亿用户，近 21PB 数据[25]，而美国橡树岭国家实验室的 Jaguar 超级计算机拥有超过 5PB 的数据。这些存储数据增长得如此迅速，因此在 2018—2020 年可能会使用 EB 规模的存储系统。

数据的这种爆炸式增长肯定会对传统的数据密集型计算产生直接威胁，并引出使用分布式和可扩展存储架构来查询和分析大规模数据的需求。大数据的一般思路是，原始数据非常复杂、混乱，并且持续增长。一个理想的大数据集由大量的无监督原始数据和少量的结构化/分类数据组成。因此，在处理这些大量的非固定结构化数据时，传统的数据密集型计算往往会失败。具有无穷多样性的大数据需要复杂的方法和工具，以提取模式并分析大规模数据。大数据的增长主要是由现代系统计算能力的增长及低廉的数据存储成本促成的。

大数据的所有这些特征可以分为 4 个维度，通常称为 4V：**数量**（Volume）、**多样性**（Variety）、**速度**（Velocity）和**真实性**（Veracity）。图 2-2 以 4V 的形式展示了大数据的不同特征。

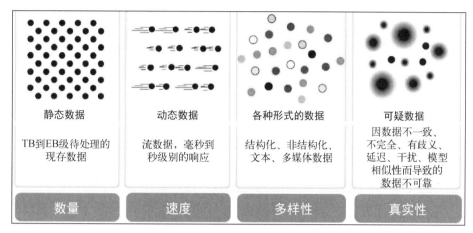

静态数据	动态数据	各种形式的数据	可疑数据
TB到EB级待处理的现存数据	流数据，毫秒到秒级别的响应	结构化、非结构化、文本、多媒体数据	因数据不一致、不完全、有歧义、延迟、干扰、模型相似性而导致的数据不可靠
数量	**速度**	**多样性**	**真实性**

图 2-2　大数据 4V 的视觉表示

在当前的数据密集型技术时代，收集和获取数据的速度与大数据的其他参数（即**数量**和**多样性**）同样重要。随着数据的生成，如果未能及时收集和分析数据，那么重要数据就会面临巨大的丢失风险。虽然可以选择将快速转移的数据保留在大容量存储中以便后续再批量处理，但是处理这种高速数据的真正重点在于将原始数据转换成结构化和可用格式的速度。具体来说，如果数据没有立即保留下来或进行系统的处理，那么飞机票价、酒店房价或某些电子商务产品的价格等时间敏感信息就会过时。大数据的真实性这一参数关系到数据分析结果的准确性。随着数据变得越来越复杂，保持对大数据隐藏信息的信任将是一大挑战。

为了提取和分析这种复杂数据，我们需要一个更好的、精心规划的模型。理想情况下，与处理少量数据相比，模型应该能够更好地处理大数据。然而，情况并非总是如此。接下来通过一个示例来进行更深入的探讨。

如图 2-3 所示，使用小型数据集时，最佳算法的性能比最差算法的性能好 $n\%$。然而，随着数据集规模的增加（大数据），性能也会呈指数级增长到 $k\%$。这种迹象也可以在[53]中找到，它们清楚地表明了大型训练数据集对模型性能的影响。然而，使用最简单的模型时，只有大数据集才能达到最佳性能，这种观点是完全错误的。

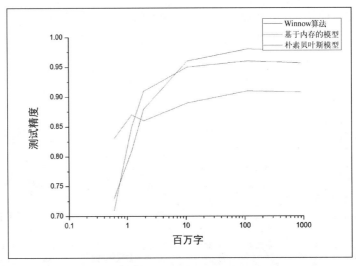

图 2-3   不同类型算法的精度百分比随数据集大小的变化

从参考文献[53]中可以看出，算法 1 是朴素贝叶斯模型，算法 2 是基于内存的模型，算法 3 是 Winnow 算法。图 2-3 显示，当使用小型数据集时，Winnow 算法的性能要低于基于内存的模型；而在处理大数据集时，朴素贝叶斯模型和 Winnow 算法的性能比基于内存的模型好。因此，观察图 2-3 很难推断出哪个简单模型在大数据集环境中是较优的。对于使用大数据集时基于内存的模型的性能相对较差，一种直观的解释是，由于需要等待将大量数据加载到内存，算法要消耗很多时间。这纯粹是与内存相关的问题，只使用大数据是不能解决问题的。因此，影响性能的主要因素应该是模型的复杂程度，而深度学习模型就发挥了作用。

    即使有大数据，思维狭隘也不会有进步！大数据需要思维突破[54]。

深度学习与大数据形成鲜明对比。行业中的各种产品已经成功应用了深度学习，而且各类研究人员也通过大规模数字数据广泛应用了深度学习。Facebook、苹果、Google 等知名科技公司每天都会收集和分析大量数据，并且在过去几年中在各种深度学习相关的项目中取得了不俗的进展。

Google 在大量非结构化数据上部署了深度学习算法，这些数据的来源包括 Google 街景、图像搜索引擎、Google 翻译和 Android 语音识别等。

苹果公司的 Siri 是 iPhone 的虚拟个人助理，提供了大量服务，如体育新闻、天气报告、用户问答等。Siri 整个应用都是基于深度学习的，它收集来自不同苹果服务的数据并获得其智能授权。微软和 IBM 等其他企业也以深度学习为主要领域来处理大量的非结构化数据。IBM 类似人脑的计算机 Watson 和微软的 Bing 搜索引擎也是主要使用深度学习技术来利用大数据的。

目前的深度学习架构包括数百万甚至数十亿的数据点。此外,数据增长的规模阻止了模型的过拟合,计算能力的快速增长也使得先进模型的训练变得更加容易。

表 2-1 展示了近期的研究是如何应用大数据和流行的深度学习模型从数据中充分提取信息的。

表 2-1　大型深度学习模型的最新研究进展(部分信息来源于参考文献[55])

模　　型	计算能力	数据集	平均运行时间
卷积神经网络[55]	两个 NVIDIA GTX 580 3GB GPU	对由 120 万张高分辨率图片构成的训练集进行约 90 次的循环	5~6 天
深度信念网络[41]	NVIDIA GTX 280 1GB GPU	100 万张图片	将近 1 天
稀疏自动编码器[66]	1000 个包含 16 000 个核心的 CPU	1000 万张 200×200 像素的图片	将近 3 天

借助分层学习方法,深度学习算法可以从输入的原始数据中提取有意义的通用表征。一般来说,在更高层次上,更复杂和抽象的数据表征是从先前的层和多层学习模型的抽象水平稍低的数据中学习的。虽然深度学习也可以从大量的标记(分类)数据中学习,但如果可以从未标记/未分类的数据中学习,那么这些模型看起来会更有吸引力[56],从而更有助于生成大量非结构化数据的一些有意义的模式和表征。

在处理大规模无监督数据时,深度学习算法可以比浅层学习架构更好地提取数据点之间的通用模式和关系。以下是接受大规模未标记数据训练时,深度学习算法的几个主要特征。

❑ 从抽象和表征的较高层次来看,可以从深度学习模型中获得大数据的语义和关联性知识。

❑ 即使是一个简单的线性模型,也可以有效地从大型数据集极其复杂和抽象的表征中获得知识。

❑ 来自无监督数据的各种数据表征为学习其他数据类型(如文本、音频、视频、图像等)打开了大门。

因此,可以肯定的是,随着 GPU(图形处理单元)处理能力的增强与容量的提升,深度学习将成为大数据情感分析、预测分析等的重要组成部分。本章不是要全面介绍大数据,而是想要探讨大数据与深度学习之间的关系。接下来将介绍深度学习的关键概念、应用和挑战,同时处理大规模的未分类数据。

2.2　大数据深度学习面临的挑战

大数据的潜力值得关注。然而,要想充分提取有价值的信息,还需要创新的、实用的算法来解决相关的技术问题。例如,为了训练模型,大多数的传统机器学习算法将数据存储在内存中。但如果数据量庞大,这种方法肯定是不可行的,因为系统可能会耗尽内存。为了克服所有这些棘手的问题,并通过深度学习技术从大数据中挖掘出有用信息,我们迫切需要头脑风暴。

前文中说过，大规模深度学习在过去十年取得了很多成就，但这一领域还处于不断发展的阶段。大数据正在不断提高其 4V 的限制。因此，为了解决这些问题，模型还需要进行更多改进。

2.2.1　海量数据带来的挑战（第一个 V）

海量数据给深度学习带来了巨大挑战。大数据具有非常高的维度（属性）、大量的示例（输入）和类型繁多的分类（输出），因此通常会增加模型的复杂度以及算法的运行时间复杂度。海量数据使得使用集中式存储及其有限的处理能力来训练深度学习算法几乎不可能。为了给这个挑战提供一个缓冲，在海量数据的推动下，应该使用具有并行服务器的分布式框架。升级后的深度网络模型已经开始使用 CPU 和 GPU 集群来提高训练速度，且不会影响算法的准确性。为实现模型并行和数据并行，各种新策略已经形成。

在这些类型中，模型或数据被分割成块，以便与内存中的数据相匹配，然后分布到各个节点，进行向前和向后的传播[57]。Deeplearning4j 是一种基于 Java 的、用于深度学习的分布式工具，为将数据分布到各个节点而使用数据并行性，我们将在下一节中对此进行说明。

数据量庞大总是与噪声标签和数据不完整相关，这为大规模深度学习的训练带来了重大挑战。大数据在很大比例上是由未标记或非结构化数据组成的，其中噪声标签是最主要的。要解决这个问题，需要对数据集进行人工处理。例如，在过去一年内，所有搜索引擎都用于收集数据。需要对这些数据进行某种过滤，尤其需要去除冗余数据和低价值数据。先进的深度学习方法对处理这种冗余的噪声数据来说至关重要。此外，相关的算法应该能够容忍这些混乱的数据集。还可以应用某种更有效的代价函数和更新的训练策略，以充分克服噪声标签的影响。此外，半监督学习[58,59]有助于强化与这种噪声数据相关的解决方案。

2.2.2　数据多样性带来的挑战（第二个 V）

多样性是大数据的第二个维度，它代表了具有不同分布和多种来源的所有类型的格式。呈指数级增长的数据来源众多，其中包括大量音频流、图像、视频、动画、图形，以及来自不同日志文件的非结构化文本。这些数据类型具有不同的特征和表现。数据集成可能是处理这种情况的唯一方法。如第 1 章所述，深度学习能够从结构化/非结构化数据中表征学习。深度学习能够以分层的方式执行无监督学习，分层的方式是一次执行一个层次的训练，且较高层次的特征由直接下级来定义。深度学习的这个特性可以用于解决数据集成问题。自然解决方案可以是从每个单独的数据源中学习数据表征，然后将学到的特征集成到后续层次。

已有实验[60,61]成功证明，深度学习可以很容易地应用于异构数据源，以显著提高系统性能。然而，深度学习仍有许多悬而未决的问题。目前，大多数的深度学习模型主要是在双模式（只有两种来源的数据）上进行测试，但在处理多模式时，是否可以提高系统性能呢？多个数据来源的信息可能相互冲突。这种情况下，模型如何以富有成效的方式消除冲突并整合数据呢？考虑到深度学习能够学习中间表征以及与数据多样性相关的潜在因素，它似乎非常适用于整合具有多种模式的不同来源的数据。

2.2.3　数据快速处理带来的挑战（第三个 V）

数据的极速增长对深度学习技术造成了巨大挑战。对于数据分析而言，极速创建的数据也应该得到及时的处理。在线学习是学习高速数据的一个解决方案[62~65]。然而，在线学习使用顺序学习策略，即整个数据集应保存在内存中，这对传统机器来说非常困难。虽然已经为在线学习修改了传统神经网络[67~71]，但在这个领域深度学习仍然有巨大的进步空间。作为在线学习的替代方法，随机梯度下降法[72,73]也同样适用于深度学习。在这种类型中，一个具有已知标签的训练样本会输入到下一个标签，以更新模型参数。此外，为了加快学习速度，也可以在小批量处理的基础上进行更新[74]。这个小批量可以在运行时间和计算机内存之间提供良好的平衡。下一节将阐释为什么小批量数据对分布式深度学习来说最为重要。

与数据的这种高速相关的另一个更大的挑战是，这些数据在本质上是极其多变的。随着时间的推移，数据的分配过于频繁。理想情况下，随时间变化的数据被分割成从较小时间段内提取的小块。基本思想是，数据在一段时间内保持稳定，并具有一定程度的相关性[75,76]。因此，大数据的深度学习算法应该具有将数据作为流来学习的特征。可以从这些非平稳数据中学习的算法对深度学习来说是至关重要的。

2.2.4　数据真实性带来的挑战（第四个 V）

虽然与大数据的其他三个维度同等重要，但数据的真实性、不准确性或不确定性有时会被忽略。由于大数据种类繁多且快速增长，任何组织不能再依靠传统模型来衡量数据的准确性。根据定义，非结构化数据包含大量不精确和不确定的数据。例如，社交媒体的数据本质上是非常不确定的。虽然一些工具可以自动化进行数据规范化和清理，但大都还处于早期阶段。

2.3　分布式深度学习和 Hadoop

本章前两节已经深入探讨了深度学习与大数据的关系能够为研究领域带来重大变化的原因。另外，一个集中的系统并不会随时间的推移明显改善这种关系。因此，跨服务器的深度学习网络的分布已经成为当前深度学习实践者的主要目标。然而，在分布式环境中处理大数据总会面临一些挑战。上一节已经对大部分挑战进行了深入的讲解，其中包括处理更高维度的数据、具有很多特征的数据、可用于存储的内存量、处理海量大数据集等。此外，大数据集对 CPU 和内存具有很高的计算资源需求。因此，缩短处理时间已成为分布式深度学习的一个非常重要的准则。分布式深度学习的核心和主要挑战如下。

❑　如何将数据集的块保留在节点的主内存中？

❑ 如何保持数据块之间的协调，以便以后一起移动，从而获得最终结果？

❑ 如何让分布式和并行处理安排并协调得极其合理？

❑ 如何跨数据集实现协调的搜索，以实现高性能？

使用大数据集的分布式深度学习的方式有很多。然而，当我们谈论大数据时，在过去 5 年中为应对大部分挑战作出巨大贡献的框架是 Hadoop 框架[77~80]。Hadoop 无疑是最受欢迎且使用最广泛的框架，它允许并行和分布式处理。与其他的传统框架相比，Hadoop 可以更高效地存储和处理海量数据。包括 Google、Facebook 在内的几乎所有主要的技术公司都在使用 Hadoop，从而以高级的方式来部署和处理数据。Google 设计的使用海量数据的大部分软件都会用到 Hadoop。Hadoop 的主要优势是可以在数千台服务器上存储和处理海量数据，且得到组织良好的结果[81]。根据对深度学习的一般理解，我们认为深度学习确实需要这种分布式计算能力，以根据输入数据生成一些令人惊叹的结果。大数据集可以分解为多个块，并分布在多个商业硬件上以进行并行训练。此外，深度神经网络的整个阶段可以划分为多个子任务，然后可以并行处理这些子任务。

 Hadoop 已成为所有数据池的融合点。将深度学习转移到数据，这一需求已存在于 Hadoop 中，并且已经变得很典型了。

Hadoop 基于**移动计算比移动数据便宜**这一概念进行操作[86,87]。Hadoop 允许跨商业服务器集群进行大规模数据集的分布式处理。它还提供了有效的负载平衡，具有非常高的容错能力，并且具有极高的水平伸缩能力。它可以检测和容忍应用层中的故障，因此适合在商业硬件上运行。为了实现数据的高可用性，Hadoop 的复制因子默认为 3，每个块的副本放在另外两台独立的机器上。因此，如果一个节点出现故障，则可以从其他两个节点立即进行恢复。根据数据的价值和数据的其他相关要求，可以轻松地增加 Hadoop 的复制因子。

因为最初主要用于完成批处理任务，所以 Hadoop 主要适用于深度学习网络，后者的主要任务是查找大规模数据的分类。学习如何进行数据分类的特征选择主要是在大规模数据集上进行的。

Hadoop 易于配置，可以根据用户需求轻松地进行优化。例如，如果用户想要保留更多的数据副本以获得更好的可靠性，那么可以增加复制因子。然而，副本数量的增加会增加存储需求。这里不再对数据的特性和配置进行更多说明，接下来主要讨论将在分布式深度神经网络中广泛使用的 Hadoop 部分。

在 Hadoop 的新版本中，本书主要使用的部分是 HDFS(Hadoop Distributed File System，Hadoop 分布式文件系统)、Map-Reduce 以及 YARN(Yet Another Resource Negotiator，另一种资源协调者)。YARN 已经在很大程度上主导了 Hadoop 的 Map-Reduce(2.3.1 节将对此进行解释)。目前，YARN 的责任是将任务分配给 Hadoop 的 Data 节点 (数据服务器)。另一方面，HDFS 是一个分布式文件系统，分布在名为 NameNode 的集中式元数据服务器下的所有 Data 节点上。为了实现高可用性，更高版本的 Hadoop 框架集成了二级 NameNode，其目的是在某些检查点后从主 NameNode 获取元数据的副本。

2.3.1 Map-Reduce

Map-Reduce 范式[83]是 Google 于 2004 年开发的一种分布式编程模型，它与在机器集群上使用并行和分布式算法处理大数据集相关联。整个 Map-Reduce 应用对大规模数据集来说都是很有用的。Map-Reduce 有两个主要组件，分别是 Map 和 Reduce，还包括一些中间阶段，如混洗、排序和分区。在 Map 阶段，大型输入作业被分解为较小的作业，每个作业分配到不同的核心。接着在这些机器上的每个小任务上执行操作。Reduce 阶段将所有分散和转换后的输出放在一个单独的数据集中。

本章不会详细讲解 Map-Reduce 的概念，如果感兴趣，你可以通过参考文献[83]来深入了解。

2.3.2 迭代 Map-Reduce

深度学习算法在本质上是迭代的，即模型从优化算法中学习，经过多个步骤让误差最小。对于这些类型的模型，Map-Reduce 应用程序似乎不如在其他用例中那样高效。

迭代 Map-Reduce 是下一代的 YARN 框架（与传统的 Map-Reduce 不同），仅通过一次 Map-Reduce 即可对数据进行多次迭代。虽然迭代 Map-Reduce 和 Map-Reduce 的架构在设计上是不同的，但在一定高度上了解它们的架构还是很简单的。迭代 Map-Reduce 只不过是一个 Map-Reduce 操作序列，其中第一个 Map-Reduce 操作的输出会成为下一个操作的输入，以此类推。在深度学习模型中，Map 阶段将特定迭代的所有操作放置在分布式系统的每个节点上，然后将大量输入数据集分发到集群中的所有计算机。模型的训练是在集群的每个节点上执行的。

在将聚合的新模型发送回每台机器前，Reduce 阶段将收集 Map 阶段的所有输出，并计算参数的平均值。迭代 Reduce 算法会反复迭代相同的操作，直到学习过程完成，且错误最小化到几乎为零。

图 2-4 比较了两种方法的高级功能。左图显示了 Map-Reduce 的框图，右边是迭代 Map-Reduce 的特写。每个"处理器"都是一个工作的深度网络，正在从较大数据集的小块中学习。在"Superstep"阶段，参数的平均值在整个模型被重新分配到整个集群前完成，如图 2-4 所示。

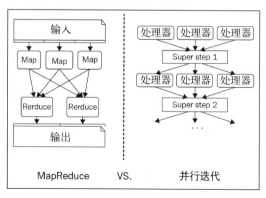

图 2-4　Map-Reduce 和并行迭代 Reduce 的功能差异

2.3.3　YARN

YARN 的主要作用是将作业调度和资源管理从数据处理中分离出来。因此，数据可以通过 Map-Reduce 批处理作业继续在系统中并行地进行处理。YARN 有一个中央资源管理器，主要根据需要管理 Hadoop 系统资源。节点管理器（特定于某节点）负责管理和监视集群的各个节点的处理。该过程只由 ApplicationMaster 控制，它监视来自中央资源管理器的资源，并与节点管理器一同监视和执行任务。图 2-5 展示了 YARN 的架构。

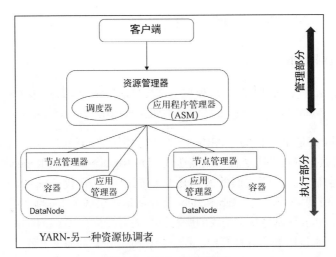

图 2-5　YARN 高级架构

Hadoop 的所有这些组件主要用于分布式深度学习，以克服前面提到的所有挑战。接下来将展示为提升分布式深度学习性能所需满足的标准。

2.3.4　分布式深度学习设计的重要特征

分布式深度学习设计的重要特征如下。

1. 小批量处理。在分布式深度学习中，网络必须并行地快速获取和处理数据。为了更精确地处理和提供结果，集群的每个节点应该一次接收约 10 个元素的小块数据。

例如，如果 YARN 的主节点正在为 200GB 的大数据集协调 20 个工作者，那么主节点会将数据集分为 20 个 10GB 的小批量数据，从而为每个工作者分配一个小批量数据。这些工作者将并行处理数据，并在完成计算后立即将结果返回主节点。主节点将汇总所有结果，结果的平均值将最终重新分配到每个工作者。

相较于 100GB 或 200GB 的大批量数据，深度学习网络能够更好地处理近 10GB 的小批量数据。小批量数据使得网络能够从数据的不同方向进行深度学习，随后重新编译，从而为模型提供更广泛的知识。

另一方面，如果批处理规模过大，网络将尝试快速学习，这会使得误差最大化。相反，较小批量的数据会降低学习速度，并减小网络在趋近最小误差率时出现分歧的可能性。

2. **参数平均**。参数平均是分布式深度网络训练的关键操作。在网络中，参数通常是节点层的权值和偏移量。正如前文提到的，一旦对工作者完成训练，它们会将不同的参数返回到主节点。随着每次迭代，参数会被平均、更新并发送回主节点，以便进行进一步操作。

参数平均的顺序过程如下所示。

❑ 主节点配置初始网络并设置不同的超参数。
❑ 基于训练中的主节点的配置，大数据集被分割为几个较小的数据集。
❑ 对于每个小数据集执行以下操作，直到错误率接近零：

■ 主节点将参数从主节点分配到每个单独的从节点；
■ 每个从节点使用专门的数据块开始训练模型；
■ 计算参数的平均值并返回给主节点。

❑ 训练完成，主节点将得到训练网络的一个副本。

分布式训练的情况下，参数平均有以下两个重要优点。

❑ 通过生成同步结果来实现并行。
❑ 有助于通过将给定数据集分成多个较小的数据集来防止过拟合。然后，网络习得平均结果，而不仅仅是汇总来自不同较小批次的结果。

图 2-6 展示了小批量处理和参数平均运算的组合示意图。

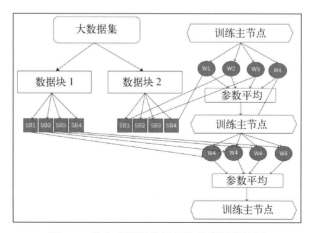

图 2-6　分布式深度学习架构的高级架构图

2.4 深度学习的开源分布式框架 Deeplearning4j

Deeplearning4j（DL4J）[82]是为 JVM 编写的一个开源深度学习框架，主要用于商业级需求。该框架完全使用 Java 编写，因此名称中包含了 "4j"。因为是使用 Java 编写的，所以 Deeplearning4j 开始受到更多人和从业者的欢迎。

该框架基本上是由与 Hadoop 和 Spark 集成的分布式深度学习库组成的。在 Hadoop 和 Spark 的帮助下，我们可以轻松地分发模型和大数据集，并运行多个 GPU 和 CPU 来执行并行操作。Deeplearning4j 主要在图像、声音、文本、时间序列数据等的模式识别中取得了巨大成功。除此之外，它还可以用于各种客户用例，如面部识别、欺诈检测、业务分析、推荐引擎、图像和语音搜索，以及传感器数据的预测维护。

图 2-7 显示了 Deeplearning4j 的通用高级架构框图。

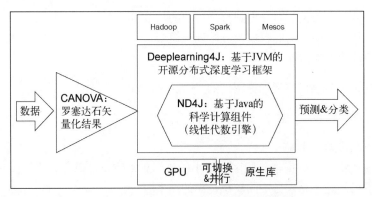

图 2-7 Deeplearning4j 的高级架构框图[82]

2.4.1 Deeplearning4j 的主要特性

Deeplearning4j 具有以下引人注目的功能，因而完全不同于现有的其他深度学习工具，如 Theano、Torch 等。

❑ 分布式架构。Deeplearning4j 中的训练可以通过两种方式进行：一种是分布式的、多线程的深度学习，另一种是传统的、普通的单线程深度学习技术。训练是在商用节点的集群中进行的。因此，Deeplearning4j 能够快速处理任意数量的数据。神经网络使用迭代 Reduce 方法进行并行训练，该方法适用于 Hadoop YARN 和 Spark。它还与 Cuda 内核集成，以进行纯 GPU 操作，并与分布式 GPU 配合使用。

Deeplearning4j 操作可以在 Hadoop YARN 或 Spark 中作为一项作业运行。在 Hadoop 中，迭代 Reduce 节点在 HDFS 的每个块上工作，同时并行处理数据。处理完成后，它们将变换后的参数推送回主节点，并在主节点获得参数的平均值，接着更新每个工作者的模型。

在 Deeplearning4j 中，分布式运行时是可互换的，它们在一个庞大的模块化架构中充当目录的角色，可以进行互换。

❑ **数据并行性**。神经网络能够以两种方式进行分布式训练：一种是数据并行，另一种是模型并行。Deeplearning4j 遵循数据并行训练。在数据并行时，可以将大型数据集拆分成较小的数据集，并将它们分布到在不同服务器上运行的并行模型上，以并行方式进行训练。

❑ **JVM 的科学计算能力**。对 Java 和 Scala 中的科学计算来说，Deeplearning4j 包含了一个使用 **Java *N* 维数组**（N-Dimensional Arrays for Java，ND4J）的 *N* 维数组类。ND4J 的功能比 Numpy 提供给 Python 的功能要快得多，而且主要是用 C++ 编写的。在生产环境中，它基于一个矩阵操作和线性代数库。ND4J 的大多数程序都被设计为以最低 RAM 需求来运行。

❑ **机器学习的矢量化工具**。为了矢量化各种文件格式和数据类型，Canova 已经与 Deeplearning4j 合并。Canova 使用一个输入/输出系统执行向量化，就像 Hadoop 使用 Map-Reduce 一样。Canova 主要用于通过**命令行界面**（command line interface，CLI）来矢量化文本、CSV、图像、声音、视频等。

2.4.2 Deeplearning4j 功能总结

Deeplearning4j 具有以下功能。

❑ Deeplearning4j 可谓是最完整的、可用于生产的开源深度学习库。
❑ 与基于 Theano 的工具相比，Deeplearning4j 具有更多专门为深度网络设计的特性。
❑ Deeplearning4j 易于使用，即使非专业人士也可以应用其惯例来解决计算密集型问题。
❑ 这些工具具有广泛的适用性，因此，网络对于图像、声音、文本和时间序列同样适用。
❑ Deeplearning4j 是完全分布式的，且可以并行运行多个 GPU，这不同于非分布式的 Theano[84]，也不同于还没像 DL4J 一样执行自动化分配的 Torch7[85]。

2.5 在 Hadoop YARN 上配置 Deeplearning4j

Deeplearning4j 主要作用于具有多个层的神经网络。要想使用 Deeplearning4j，首先需要熟悉一些前提条件，以及如何安装所有相关软件。大部分文档都可以在 Deeplearning4j 的官方网站 https://deeplearning4j.org/[88] 上找到。

本节将帮助你熟悉 Deeplearning4j 的代码。首先展示使用 Deeplearning4j 的多层神经网络的一个简单操作和实现。接着讨论 Deeplearning4j 库的分布式深度学习。Deeplearning4j 使用 Apache Spark 在多个分布式 GPU 上训练分布式深度神经网络。最后介绍如何为 Deeplearning4j 设置 Apache Spark。

2.5.1　熟悉 Deeplearning4j

本节将主要介绍使用了 deeplearning4j 的 "Hello World" 程序。我们将借助两个简单的深度学习问题来解释 Deeplearning4j 库的基本功能。

在 Deeplearning4j 中，`MultiLayerConfiguration` 是 Deeplearning4j 库的一个类，可以当作构建块的基础，负责组织神经网络的层和相应的超参数。可以认为这个类是神经网络的 Deeplearning4j 的核心构件。本书将使用这个类来配置不同的多层神经网络。

 超参数是确定神经网络学习过程的主要支柱，主要包括如何初始化模型的权值、应该更新多少次、模型的学习速率、使用的优化算法等。

第一个示例将展示如何使用 Deeplearning4j 对多层感知机分类器的数据模式进行分类。

以下是此程序中使用的训练数据集示例：

```
0, -0.500568579838,  0.687106471955
1,  0.190067977988, -0.341116711905
0,  0.995019651532,  0.663292952846
0, -1.03053733564,   0.342392729177
1,  0.0376749555484,-0.836548188848
0, -0.113745482508,  0.740204108847
1,  0.56769119889,  -0.375810486522
```

首先需要初始化网络的各种超参数。下面的代码将为程序设置 ND4J 环境：

```
Nd4j.ENFORCE_NUMERICAL_STABILITY = true;
int batchSize = 50;
int seed = 123;
double learningRate = 0.005;
```

将迭代次数设置为 30：

```
int nEpochs = 30;
int numInputs = 2;
int numOutputs = 2;
int numHiddenNodes = 20;
```

下面的代码将训练数据加载到网络中：

```
RecordReader rr = new CSVRecordReader();
rr.initialize(new FileSplit(new File("saturn_data_train.csv")));
DataSetIterator trainIter = new RecordReaderDataSetIterator
                             (rr,batchSize,0,2);
```

随着训练数据的加载，使用以下代码将测试数据加载到模型中：

```
RecordReader rrTest = new CSVRecordReader();
rrTest.initialize(new FileSplit(new File("saturn_data_eval.csv")));
DataSetIterator trainIter = new RecordReaderDataSetIterator
                             (rrTest,batchSize,0,2);
```

网络模型的所有层的组织结构以及超参数的设置都可以通过以下代码来完成：

```
MultiLayerConfiguration conf = new NeuralNetConfiguration.Builder()
.seed(seed)
.iterations(1)
.optimizationAlgo(OptimizationAlgorithm.STOCHASTIC_GRADIENT_DESCENT)
.learningRate(learningRate)
.updater(Updater.NESTEROVS).momentum(0.9)
.list()
.layer(0, new DenseLayer.Builder().nIn(numInputs).nOut(numHiddenNodes)
    .weightInit(WeightInit.XAVIER)
    .activation("relu")
    .build())
.layer(1, new OutputLayer.Builder(LossFunction.NEGATIVELOGLIKELIHOOD)
    .weightInit(WeightInit.XAVIER)
    .activation("softmax")
    .nIn(numHiddenNodes).nOut(numOutputs).build())
.pretrain(false)
.backprop(true)
.build();
```

现在，训练数据集和测试数据集已经加载完成，可以调用 init() 方法来初始化模型。下面通过给定的输入对模型进行训练：

```
MultiLayerNetwork model = new MultiLayerNetwork(conf);
model.init();
```

为了在一定时间间隔后检查输出，可以每更新 5 个参数就打印分数：

```
model.setListeners(new ScoreIterationListener(5));
for ( int n = 0; n < nEpochs; n++)
{
```

最后，调用 .fit() 方法来训练网络：

```
    model.fit( trainIter );
}
System.out.println("Evaluating the model....");
Evaluation eval = new Evaluation(numOutputs);
while(testIter.hasNext())
  {
    DataSet t = testIter.next();
    INDArray features = t.getFeatureMatrix();
    INDArray lables = t.getLabels();
    INDArray predicted = model.output(features,false);
    eval.eval(lables, predicted);
  }
System.out.println(eval.stats());
```

至此，模型的训练就完成了。接下来将绘制数据点，并按照以下代码来计算数据的对应精度：

```
double xMin = -15;
double xMax = 15;
```

```
double yMin = -15;
double yMax = 15;

int nPointsPerAxis = 100;
double[][] evalPoints = new double[nPointsPerAxis*nPointsPerAxis][2];
int count = 0;
for( int i=0; i<nPointsPerAxis; i++ )
{
  for( int j=0; j<nPointsPerAxis; j++ )
  {
    double x = i * (xMax-xMin)/(nPointsPerAxis-1) + xMin;
    double y = j * (yMax-yMin)/(nPointsPerAxis-1) + yMin;

    evalPoints[count][0] = x;
    evalPoints[count][1] = y;

    count++;
  }
}

INDArray allXYPoints = Nd4j.create(evalPoints);

INDArray predictionsAtXYPoints = model.output(allXYPoints);
```

以下代码会在绘制图形前将所有训练数据存储到一个数组中：

```
rr.initialize(new FileSplit(new File("saturn_data_train.csv")));
rr.reset();
int nTrainPoints = 500;
trainIter = new RecordReaderDataSetIterator(rr,nTrainPoints,0,2);
DataSet ds = trainIter.next();
PlotUtil.plotTrainingData(ds.getFeatures(), ds.getLabels(),allXYPoints,
predictionsAtXYPoints, nPointsPerAxis);
```

以下代码可以通过网络运行测试数据并生成预测：

```
rrTest.initialize(new FileSplit(new File("saturn_data_eval.csv")));
rrTest.reset();
int nTestPoints = 100;
testIter = new RecordReaderDataSetIterator(rrTest,nTestPoints,0,2);
ds = testIter.next();
INDArray testPredicted = model.output(ds.getFeatures());
PlotUtil.plotTestData(ds.getFeatures(), ds.getLabels(), testPredicted,
allXYPoints, predictionsAtXYPoints, nPointsPerAxis);
```

执行上述代码需要运行 5~10 秒，具体取决于系统的配置。在此期间，你可以查看控制台，它会显示模型的更新后的训练分数。

验证的部分数据如下所示：

```
o.d.o.l.ScoreIterationListener - Score at iteration 0 is
                          0.6313823699951172
o.d.o.l.ScoreIterationListener - Score at iteration 5 is
                          0.6154170989990234
```

```
o.d.o.l.ScoreIterationListener - Score at iteration 10 is
                     0.4763660430908203
o.d.o.l.ScoreIterationListener - Score at iteration 15 is
                     0.52469970703125
o.d.o.l.ScoreIterationListener - Score at iteration 20 is
                     0.4296367645263672
o.d.o.l.ScoreIterationListener - Score at iteration 25 is
                     0.4755714416503906
o.d.o.l.ScoreIterationListener - Score at iteration 30 is
                     0.3985047912597656
o.d.o.l.ScoreIterationListener - Score at iteration 35 is
                     0.4304619598388672
o.d.o.l.ScoreIterationListener - Score at iteration 40 is
                     0.3672477722167969
o.d.o.l.ScoreIterationListener - Score at iteration 45 is
                     0.39150180816650393
o.d.o.l.ScoreIterationListener - Score at iteration 50 is
                     0.3353725051879883
o.d.o.l.ScoreIterationListener - Score at iteration 55 is
                     0.3596681213378906
```

最后，程序将输出使用 Deeplearning4j 训练的模型的不同统计数据，具体如下：

```
Evaluating the model....
Examples labeled as 0 classified by model as 0: 48 times
Examples labeled as 1 classified by model as 1: 52 times
```

在后台，我们可以可视化数据的绘制，图像看起来像土星。接下来我们将展示如何将 Hadoop YARN 和 Spark 与 Deeplearning4j 进行集成。图 2-8 显示了该程序输出的图形化表示。

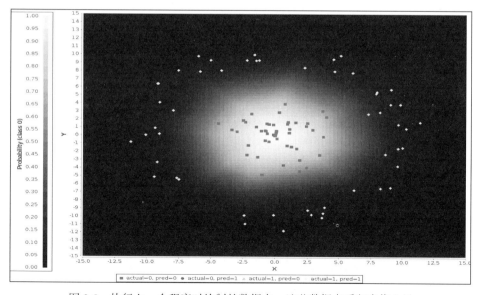

图 2-8　执行上一个程序时绘制的数据点，这些数据点看起来像土星

2.5.2   为进行分布式深度学习集成 Hadoop YARN 和 Spark

要想在 Hadoop 上使用 Deeplearning4j，需要包含 `deeplearning-hadoop` 依赖关系，具体代码如下所示：

```
<!--
https://mvnrepository.com/artifact/org.Deeplearning4j/Deeplearning4j-hadoop
-->
<dependency>
    <groupId>org.Deeplearning4j</groupId>
    <artifactId>Deeplearning4j-hadoop</artifactId>
    <version>0.0.3.2.7</version>
</dependency>
```

同样，对于 Spark 来说，必须包括 `deeplearning-spark` 依赖关系，具体代码如下：

```
<!--
https://mvnrepository.com/artifact/org.Deeplearning4j/dl4j-spark-nlp_2.11 -
->
<dependency>
    <groupId>org.Deeplearning4j</groupId>
    <artifactId>dl4j-spark-nlp_2.11</artifactId>
    <version>0.5.0</version>
</dependency>
```

本书不会讲解 Apache Spark 的详细功能，如果有兴趣，你可以阅读 http://spark.apache.org/。

2.5.3   Spark 在 Hadoop YARN 上的内存分配规则

前文已经说过，Apache Hadoop YARN 是一个集群资源管理器。当 Deeplearning4j 通过 Spark 向 YARN 集群提交训练任务时，YARN 有责任管理资源的分配，如 CPU 内核配置、每个执行节点所消耗的内存等。然而，为了让 Deeplearning4j 在 YARN 上获得最佳性能，需要注意以下内存配置。

- ❏ 需要使用 `spark.executor.memory` 指定执行器的 JVM 内存量。
- ❏ 需要使用 `spark.yarn.executor.memoryOverhead` 指定 YARN 容器的内存开销。
- ❏ `spark.executor.memory` 和 `spark.yarn.executor.memoryOverhead` 的和必须小于 YARN 分配给容器的内存。
- ❏ ND4j 和 JavaCPP 需要知道堆外内存的分配。可以使用 `org.bytedeco.javacpp.maxbytes` 系统属性来达到此目的。
- ❏ `org.bytedeco.javacpp.maxbytes` 必须小于 `spark.yarn.executor.memoryOverhead`。

Deeplearning4j 的当前版本使用参数平均值来执行神经网络的分布式训练。以下操作完全按照 2.3.4 节 "参数平均" 部分描述的方式来执行：

```
SparkDl4jMultiLayer sparkNet = new SparkDl4jMultiLayer(sc,conf,
                               new ParameterAveragingTrainingMaster
```

```
        .Builder(numExecutors(),dataSetObjSize
        .batchSizePerWorker(batchSizePerExecutor)
        .averagingFrequency(1)
        .repartionData(Repartition.Always)
        .build());
sparkNet.setCollectTrainingStats(true);
```

要想列出 HDFS 中的所有文件以便在不同节点上运行代码，需要运行以下代码：

```
Configuration config = new Configuration();
FileSystem hdfs = FileSystem.get(tempDir.toUri(), config);
RemoteIterator<LocatedFileStatus> fileIter = hdfs.listFiles
  (new org.apache.hadoop.fs.Path(tempDir.toString()),false);

List<String> paths = new ArrayList<>();
while(fileIter.hasNext())
  {
   String path = fileIter.next().getPath().toString();
   paths.add(path);
  }
```

使用 YARN 和 HDFS 来设置 Spark 的完整代码将与代码包一同提供。出于简洁的目的，这里只显示部分代码以便于理解。

接下来将通过一个示例来演示如何使用 Spark，并通过 Deeplearning4j 将数据加载到内存中。首先使用基本的 DataVec 示例来显示 CSV 数据的一些预处理操作。

样本数据集如下所示：

```
2016-01-01 17:00:00.000,830a7u3,u323fy8902,1,USA,100.00,Legit
2016-01-01 18:03:01.256,830a7u3,9732498oeu,3,FR,73.20,Legit
2016-01-03 02:53:32.231,78ueoau32,w234e989,1,USA,1621.00,Fraud
2016-01-03 09:30:16.832,t842uocd,9732498oeu,4,USA,43.19,Legit
2016-01-04 23:01:52.920,t842uocd,cza8873bm,10,MX,159.65,Legit
2016-01-05 02:28:10.648,t842uocd,fgcq9803,6,CAN,26.33,Fraud
2016-01-05 10:15:36.483,rgc707ke3,tn342v7,2,USA,-0.90,Legit
```

程序的问题如下。

❑ 删除一些不必要的列。

❑ 过滤数据，仅保留 MerchantCountryCode 列值为 USA 和 MX 的示例。

❑ 替换 TransactionAmountUSD 列中的无效条目。

❑ 解析数据字符串，并从中收集一天的数据，以创建一个新的 HourOfDay 列。

```
Schema inputDataSchema = new Schema.Builder()
    .addColumnString("DateTimeString")
    .addColumnsString("CustomerID", "MerchantID")
    .addColumnInteger("NumItemsInTransaction")
    .addColumnCategorical("MerchantCountryCode",
     Arrays.asList("USA","CAN","FR","MX"))
    .addColumnDouble("TransactionAmountUSD",0.0,null,false,false)
```

```
        .addColumnCategorical("FraudLabel",Arrays.asList("Fraud","Legit"))
        .build();
System.out.println("\n\nOther information obtainable from schema:");
System.out.println("Number of columns: " +
                   inputDataSchema.numColumns());
System.out.println("Column names: " +
                   inputDataSchema.getColumnNames());
System.out.println("Column types: " +
                   inputDataSchema.getColumnTypes());
```

以下部分将定义要在数据集上执行的操作：

```
TransformProcess tp = new TransformProcess.Builder(inputDataSchema)
.removeColumns("CustomerID","MerchantID")
.filter(new ConditionFilter(
 new CategoricalColumnCondition("MerchantCountryCode",
 ConditionOp.NotInSet, new HashSet<>(Arrays.asList("USA","MX")))))
```

在非结构化数据中，数据集通常是有噪声的，因此需要处理一些无效数据。对于负的美元值，那么程序会将它们替换为 0.0。正数的美元值保持不变。

```
.conditionalReplaceValueTransform(
  "TransactionAmountUSD",
  new DoubleWritable(0.0),
  new DoubleColumnCondition("TransactionAmountUSD",ConditionOp.LessThan, 0.0))
```

现在，根据问题描述使用以下代码对 DateTime 格式进行格式化：

```
.stringToTimeTransform("DateTimeString","YYYY-MM-DD HH:mm:ss.SSS",
 DateTimeZone.UTC)
.renameColumn("DateTimeString", "DateTime")
.transform(new DeriveColumnsFromTimeTransform.Builder("DateTime")
   .addIntegerDerivedColumn("HourOfDay", DateTimeFieldType.hourOfDay())
   .build())
.removeColumns("DateTime")
.build();
```

执行完所有这些操作后将创建不同的模式，如下所示：

```
Schema outputSchema = tp.getFinalSchema();

System.out.println("\nSchema after transforming data:");
System.out.println(outputSchema);
```

以下代码将设置 Spark 以执行所有操作：

```
SparkConf conf = new SparkConf();
conf.setMaster("local[*]");
conf.setAppName("DataVec Example");

JavaSparkContext sc = new JavaSparkContext(conf);

String directory = new ClassPathResource("exampledata.csv").getFile()
 .getParent();
```

要想直接从 HDFS 获取数据，必须传递 hdfs:// {路径名}：

```
JavaRDD<String> stringData = sc.textFile(directory);
```

使用 CSVRecordReader() 方法解析输入数据：

```
RecordReader rr = new CSVRecordReader();
JavaRDD<List<Writable>> parsedInputData = stringData.map(new
StringToWritablesFunction(rr));
```

Spark 的预定义转换执行如下：

```
SparkTransformExecutor exec = new SparkTransformExecutor();
JavaRDD<List<Writable>> processedData = exec.execute(parsedInputData,tp);
JavaRDD<String> processedAsString = processedData.map(new
WritablesToStringFunction(","));
```

如前文所述，为了将数据保存回 HDFS，只需将文件路径放在 hdfs://之后：

processedAsString.saveAsTextFile("hdfs://your/hdfs/save/path/here")

```
List<String> processedCollected = processedAsString.collect();
List<String> inputDataCollected = stringData.collect();

System.out.println("\n ---- Original Data ----");
for(String s : inputDataCollected) System.out.println(s);

System.out.println("\n ---- Processed Data ----");
for(String s : processedCollected) System.out.println(s);
```

当使用 Deeplearning4j 的 Spark 执行程序时，将得到以下输出：

```
14:20:12 INFO MemoryStore: Block broadcast_0 stored as values in memory
(estimated size 104.0 KB, free 1390.9 MB)
16/08/27 14:20:12 INFO MemoryStore: ensureFreeSpace(10065) called with
curMem=106480, maxMem=1458611159
16/08/27 14:20:12 INFO MemoryStore: Block broadcast_0_piece0 stored as
bytes in memory (estimated size 9.8 KB, free 1390.9 MB)
16/08/27 14:20:12 INFO BlockManagerInfo: Added broadcast_0_piece0 in memory
on localhost:46336 (size: 9.8 KB, free: 1391.0 MB)
16/08/27 14:20:12 INFO SparkContext: Created broadcast 0 from textFile at
BasicDataVecExample.java:144
16/08/27 14:20:13 INFO SparkTransformExecutor: Starting execution of stage
1 of 7
16/08/27 14:20:13 INFO SparkTransformExecutor: Starting execution of stage
2 of 7
16/08/27 14:20:13 INFO SparkTransformExecutor: Starting execution of stage
3 of 7
16/08/27 14:20:13 INFO SparkTransformExecutor: Starting execution of stage
4 of 7
16/08/27 14:20:13 INFO SparkTransformExecutor: Starting execution of stage
5 of 7
```

以下是输出：

```
---- Processed Data ----
17,1,USA,100.00,Legit
2,1,USA,1621.00,Fraud
9,4,USA,43.19,Legit
23,10,MX,159.65,Legit
10,2,USA,0.0,Legit
```

与本例类似，也可以在 Spark 中以定制的方式处理许多其他数据集。下一章将展示特定深度神经网络的 Deeplearning4j 代码。Apache Spark 和 Hadoop YARN 的实现是一个通用过程，不会根据神经网络而改变。你可以根据需要使用该代码在集群或本地部署深度网络代码。

2.6　小结

与传统的机器学习算法相比，深度学习模型能够解决大量输入数据所带来的挑战。深度学习网络旨在从非结构化数据中自动提取出数据的复杂表征。这个特性使得深度学习成为从大数据中学习隐藏信息的宝贵工具。然而，由于数据量和数据种类日益增加，需要以一种分布式方式来存储和处理深度学习网络。作为最广泛用于此类需求的大数据框架，Hadoop 是非常适合这种情况的。本章阐释了 Hadoop 的主要组件，这些组件是分布式深度学习架构所必需的。本章也对分布式深度学习网络的关键特征进行了深入阐述。Deeplearning4j 是一个开源的分布式深度学习框架，其与 Hadoop 的集成满足了上述不可或缺的要求。

Deeplearning4j 完全是用 Java 编写的，它可以通过迭代 Map-Reduce 以分布式方式更快地处理数据，并且可以解决大规模数据带来的许多问题。本章提供了两个示例，以便你了解基本的 Deeplearning4j 代码和语法，同时还为 Spark 配置提供了一些代码片段，与 Hadoop YARN 和 Hadoop 分布式文件系统集成。

下一章将介绍一种流行的深度学习网络——卷积神经网络。首先，我们会讨论卷积的方法，以及如何利用它来建立一个主要用于图像处理和图像识别的高级神经网络。接下来会提供使用 Deeplearning4j 实现卷积神经网络的相关信息。

第3章

卷积神经网络

> "'计算机能否思考'这个问题并不比'潜水艇能否游泳'这个问题更有趣。"
>
> ——Edsger W. Dijkstra

卷积神经网络将数学与生物学相结合，并加入了少量计算机科学，从而给人一种很神奇的感觉。然而，这类网络已经成为计算机视觉领域中最主要和最强大的架构之一。由于深度学习领域的先驱大大提升了分类精度，卷积神经网络自 2012 年起开始大受欢迎。从那以后，一批高科技公司开始将深度卷积神经网络应用于各种服务。Amazon 将卷积神经网络用于产品推荐，Google 将其用于照片搜索，而 Facebook 则主要将其用于自动标记算法。

卷积神经网络[89]是由神经元组成的一种前馈神经网络，具有可学习的权值和偏移量。这类网络一般用于处理具有网络拓扑结构的数据。顾名思义，卷积神经网络是一种神经网络。与一般的矩阵乘法不同，它包含了一种特殊的线性运算：卷积，可至少用于一个后续层。卷积神经网络的架构旨在利用具有多维结构的输入数据，其中包括输入图像的 2D 结构、语音信号，甚至一维时间序列数据。凭借这些优势，卷积神经网络已经有了很多成功的实际应用案例，特别是在自然语言处理、推荐系统、图像识别和视频识别等领域。

 偏置单元是一个**额外的**神经元，其值为 1 并会添加到每个预输出层。这些单元未连接到上一层，因此实际上不代表任何**活动**。

本章将深入讨论卷积神经网络的构建块。首先探讨卷积是什么，以及卷积计算在神经网络中的必要性；然后探讨卷积神经网络最重要的组成部分——池化操作；接着指出卷积神经网络在处理大规模数据时面临的主要挑战；最后介绍如何使用 Deeplearning4j 来设计卷积神经网络。

本章涉及的主题如下：

❑ 卷积是什么
❑ 卷积神经网络的背景
❑ 卷积神经网络的基本层
❑ 分布式深度卷积神经网络
❑ 用 Deeplearning4j 构建卷积神经网络

3.1 卷积是什么

为了理解卷积的概念，我们先来看一个示例：借助激光传感器来确定丢失手机的位置。假设 t 时刻手机的当前位置可以由激光传感器给出，为 $f(t)$。激光传感器可以给出任意 t 时刻手机所在位置的读数。但激光传感器的读数往往因包含噪声而不够准确。因此，为了获得一个相对准确的手机位置，需要计算各种测量的平均值。理想情况下，测量次数越多，位置的精度就越高。因此，应该计算加权平均值，以便为测量值提供更多的权值。

函数 $w(b)$ 是一个加权函数，其中 b 表示测量的历史时刻。为了获得一个能够更好地估计手机位置的函数，我们需要获取每一时刻的加权平均数。

新函数如下所示：

$$g(t) = \int f(b)w(t-b)db$$

前面的操作称为卷积。表示卷积的常规方法是使用星号*：

$$g(t) = (f * w)(t)$$

从形式上来看，卷积可以定义为两个函数乘积的积分，其中一个函数被反转和移位。此外，取加权平均数也可以用于其他目的。

在卷积网络的术语中，上面示例中的函数 f 称为输入，其第二个参数（也就是函数 w）称为卷积核。卷积核由多个滤波器组成，这些滤波器作用于输入端并提供输出，这个过程称为**特征映射**。简而言之，卷积核可看作只允许部分输入（即期望特征）通过的一种薄膜。图 3-1 展示了该操作。

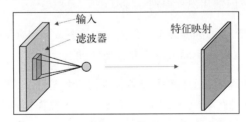

图 3-1 卷积网络的简单表示，输入必须通过卷积核来提供特征映射

如上述示例所示，在实践中，激光传感器不可能在每个给定的时刻提供真正的测量值。理想情况下，计算机只会以一定的时间间隔处理数据，该过程是离散的。因此，传感器通常会以定义的某个时间间隔提供结果。如果假设该仪器提供 1 次/秒的输出，则参数 t 将仅取整数值。有了这些假设后，函数 f 和 w 将仅对 t 的整数值定义。离散卷积的修正方程如下所示：

$$g(t) = (f * w)(t) = \sum_{b=-\infty}^{\infty} f(b)w(t-b)$$

在机器学习或深度学习应用中,输入数据通常是一个多维数组,并且卷积核使用由算法得出的不同参数的多维数组。该理论的基本假设是,函数值在有限集合内是非零的,而在其余地方则为零。因此,无限求和可以表示为有限数量的数组元素的求和。例如,对于作为输入的 2D 图像 I 和对应的 2D 内核 K 来说,卷积函数可以写成如下形式:

$$S(p,q) = (I*K)(p,q) = \sum_a \sum_b I(a,b)K(p-a)(q-b)$$

到目前为止,你已经对卷积有了一定的了解。下一节将讨论卷积在神经网络和卷积神经网络中的应用。

3.2 卷积神经网络的背景

卷积神经网络是一种特殊的深度学习模型,它并不是一个新概念,计算机视觉界很早前就已广泛采用卷积神经网络。LeCun 等人于 1998 年将该模型应用于手写数字识别,并取得了良好效果[90]。但问题是,由于卷积神经网络无法处理高分辨率的图像,其流行度随时间的推移而降低了。原因主要是硬件和内存的限制,以及缺乏大规模的可用训练数据集。随着计算能力的增强(主要得益于 CPU 和 GPU 的广泛可用性)以及大量数据的生成,MIT Places 数据集(见 Zhou et al., 2014)、ImageNet [91]等各种大规模数据集让训练更大、更复杂的模型成为可能。最初的研究始于 Krizhevsky 等人的论文[4]。与传统方法相比,他们在该论文中将错误率降低了一半。在接下来的几年里,这篇论文成为了计算机视觉领域中最具影响力的论文之一。由 Alex Krizhevsky 训练的这个受欢迎的网络称为 AlexNet,这很可能就是计算机视觉领域使用深度网络的起点。

架构概述

假设你已经熟悉传统神经网络,本节将介绍卷积神经网络的一般构件。

传统的神经网络接收单个向量作为输入,并通过一系列潜在(隐藏)层到达中间状态。每个隐藏层由多个神经元组成,每个神经元都是与上一层的其他神经元全连接的。被称为"输出层"的最后一层也是全连接的,负责为分类打分。常规的三层神经网络如图 3-2 所示。

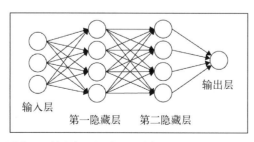

图 3-2 常规三层神经网络的框图,每层的神经元与上一层的其他神经元全连接

常规的神经网络在处理大规模图像数据时面临着巨大的挑战。例如，在 CIFAR-10 RGB 数据库中，图像的尺寸为 32×32×3，因此，在传统神经网络的第一隐藏层中，单个全连接的神经元将具有 32×32×3=3072 个权值。权值的数量在一开始似乎是合理的，但随着维度的增加，权值管理将是一项繁琐的任务。对另一个 RGB 图像来说，如果尺寸变为 300×300×3，那么单个神经元的权值总数将达到 300×300×3=270 000 个。此外，随着层数的增加，这一数字也将大幅增大，并将迅速导致过拟合问题。此外，图像的可视化完全忽略了其复杂的 2D 空间结构。因此，从初始阶段开始，神经网络的全连接概念似乎不适用于较高维度的数据集。因此，我们需要建立一个能够突破这两个限制的模型。

解决该问题的方法之一是，使用卷积代替矩阵乘法。从一组卷积滤波器（核）中学习比从整个矩阵（300×300×3）中学习要容易得多。与传统的神经网络不同，卷积神经网络的各层将神经元分为宽度、高度和深度 3 个维度，如图 3-3 所示。例如，在上一个 CIFAR-10 的示例中，图像的尺寸为 32×32×3，分别代表宽度、深度和高度。在卷积神经网络中，各层中的神经元不再是全连接的，而仅与上一层神经元的一个子集连接。具体内容将在后文中进行说明。此外，最终输出层 CIFAR-10 图像的尺寸为 1×1×10，因为卷积神经网络会将完整的图像沿着深度缩小成单一的分数矢量。

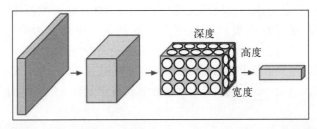

图 3-3　3D（宽度、高度和深度）卷积神经网络。每一层将 3D 输入图像转换为神经元激活的相应 3D 输出图像。红色输入层表示原始图像，因此其宽度和高度将是图像的尺寸，其深度为 3（红色、绿色和蓝色）。图片来自维基百科

3.3　卷积神经网络的基本层

卷积神经网络由一系列层组成，每一层都通过一个可微函数将自身从一个激活状态变换到另一个状态。用于构建卷积神经网络的层主要有 4 种类型：卷积层、修正线性单元层、池化层和全连接层。所有这些层堆叠在一起就形成了完整的卷积神经网络。

常规卷积神经网络的架构如下：

[输入—卷积—修正—池化—全连接]

然而，在深度卷积神经网络中，这 5 个基本层之间通常散布着更多的层。

典型深度神经网络的架构如下：

输入→卷积→修正→卷积→修正→池化→修正→卷积→修正→池化→全连接

如前一节所述，AlexNet 可以作为这种架构的完美示例。AlexNet 的架构如图 3-4 所示。每层的后面添加了一个隐式的非线性修正。下一节将对此进行详细解释。

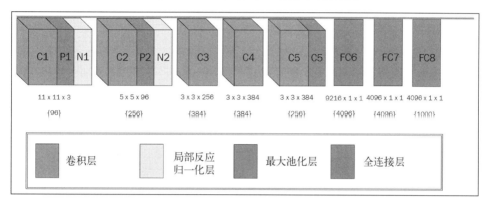

图 3-4　AlexNet 的深度和权值图示（花括号中的数字表示具有某尺寸的滤波器数量）

有人可能会想，为什么需要多层的卷积神经网络呢？接下来我们将对此进行解释。

3.3.1　卷积神经网络深度的重要性

作者在论文[96]中列举了一些统计数据，以表明深度网络是如何提高输出的准确率的。论文指出，Krizhevsky 等人利用 ImageNet 的数据训练了一个具有 8 层结构的模型。当去除最上面的全连接层（第 7 层）时，模型会减少约 1600 万个参数，性能下降 1.1%。此外，当去除前两层（第 6 层和第 7 层）时，模型会减少近 5000 万个参数，性能下降 5.7%。类似地，当去除上层的特征提取层（第 3 层和第 4 层）时，模型会减少大约 100 万个参数，性能下降 3.0%。为了更好地理解这个场景，当上层特征提取层和全连接层（第 3 层、第 4 层、第 6 层和第 7 层）被去除时，模型只剩 4 层，此时性能下降 33.5%。

因此，很容易根据上述案例得出一个结论：我们需要深度卷积网络来提高模型的性能。然而，因为内存和性能管理的限制，很难在集中式系统中管理深度网络，所以需要实现一个分布式的深度卷积神经网络。本章的后续部分将介绍如何借助 Deeplearning4j 实现该模型，并将其与 Hadoop 的 YARN 进行集成。

3.3.2　卷积层

如架构概述中所述，卷积的主要目的是允许模型在给定时间内处理一定量的输入数据。此外，卷积支持三个最重要的特性，它们有助于提高深度学习模型的性能。这些特性如下：

- 稀疏连接
- 参数共享
- 平移不变性

接下来将依次介绍这些特性。

1. 稀疏连接

如上所述，传统网络层使用具有不同参数的参数矩阵的矩阵乘法去描述每个输出单元和输入单元之间的关系。另一方面，卷积神经网络使用稀疏连接（有时称为稀疏交互或稀疏权值）来达到同样的目的。这是通过让卷积核的大小小于输入数据来实现的，这有助于降低算法的时间复杂度。例如，对一个大型的图像数据集来说，其单个图像可能具有成千上万个像素，但用户只能从图像中识别出一部分小的、显著的特征，如从卷积核识别出图像的边缘和轮廓，它们只有数百或数十个像素。因此，我们只需要保留少量参数，这有助于减少模型和数据集所需要的内存。这种方法同时也降低了作业量，从而提高整体的运算能力。这反过来又极大地降低了计算的时间复杂度，并最终提高计算效率。稀疏连接方法可以减少每个神经元的感受野，如图 3-5 所示。

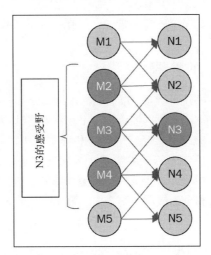

图 3-5　M 的输入单元是如何影响具有稀疏连接性的输出单元 N3 的。与矩阵乘法不同，稀疏连接方法中的感受野数量从 5 个减少到 3 个（M2、M3 和 M4）。箭头表示参数共享的方法：一个神经元的连接由模型中的两个神经元共享

 卷积层中的每个神经元接收作用于上一层的滤波器的响应。这些神经元的主要作用是通过一种非线性的方式传递响应。滤波器作用于其上的先前层的总面积称为该神经元的感受野。因此，感受野总是等于滤波器的大小。

因此，在使用稀疏连接这一方法时，每层的感受野小于使用矩阵乘法时的感受野。但值得注意的是，对深度卷积神经网络而言，神经元的感受野实际上大于相应浅层网络的感受野，因为深度网络中的所有神经元会间接地连接到网络中几乎所有的神经元。图 3-6 是此类场景的直观表示。

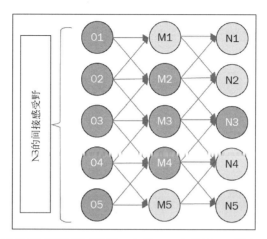

图 3-6　卷积神经网络多层间的稀疏连接。在图 3-5 中单元 N3 具有 3 个感受野，这里
　　　　N3 的感受野数量增加为 5 个

● 改进的时间复杂度

与上一节中给出的示例类似，如果一个层中有 p 个输入和 q 个输出，则矩阵乘法将需要 $p \times q$ 个参数。算法的时间复杂度将变为 $O(p \times q)$。在使用稀疏连接方式时，如果将与每个输出相关联的上限连接数限制为 n，则只需要 $n \times q$ 个参数，且运行时复杂度将降低到 $O(n \times q)$。对现实生活中的很多应用来说，稀疏连接方法在深度学习任务中表现优异，同时使得 n 远远小于 p。

2. 参数共享

参数共享可以定义为模型中多个函数使用相同参数的过程。在常规的神经网络中，当计算某一层的输出时，权值矩阵的每个元素仅使用一次。权值会乘以一个输入元素，但绝不会重复使用。参数共享也可称为权值捆绑，因为用于一个输入的权值与用于其他输入的权值相关联。图 3-5 也可以看作参数共享的一个示例。例如，来自 M2 的特定参数可用于 N1 和 N3。

这个操作的主要目的是控制卷积层中自由参数的数量。在卷积神经网络中，卷积核的每个元素几乎用于输入数据的每一个位置。一个合乎逻辑的假设是，如果在空间中的某个位置发现了一个合理的特征，则还需要计算空间中的其他位置是否也出现了该特征。

因为单个深度切片的所有元素共享相同类型的参数，所以可以通过神经元的权值与输入图像的卷积，来测量卷积层的每个深度切片中的前向传播量。这个卷积操作的结果是一个激活映射。激活映射的集合以深度维度的方向堆叠在一起，以产生输出图像。虽然参数共享方法赋予了卷积神经网络架构的平移不变性，但并不会缩短正向传播的运行时间。

- **改进的空间复杂度**

在参数共享中，模型的运行时间仍然为 $O(n \times q)$。然而，因为模型需要存储的参数减少为 n 个，所以参数共享有助于显著降低整体的空间复杂性。因为 p 和 q 通常具有相似的大小，所以与 $p \times q$ 的结果相比，n 的值几乎可以忽略。

 在时间复杂度以及空间复杂度方面，卷积的效率要比传统的密集矩阵乘法高得多。

3. 平移不变性

由于参数共享，卷积层中的层具有平移不变性。等变函数定义为输出与输入具有相同变化方式的函数。

从数学的角度来说，如果 X 和 Y 都属于 G 组，且对于所有 $g \in G$ 和 $x \in X$，都有 $f(g.x)=g.f(x)$，则可以称函数 $f:X \to Y$ 为等变函数。

发生卷积操作时，如果 g 为任意一个函数，当卷积函数的输入被函数 g 改变时，其输出也会以相同的方式改变，则卷积函数对函数 g 等变。例如，令函数 I 表示图像坐标中任意一点的明度值，h 为另一个函数，它将一个图像函数映射到另一个图像函数，表达式如下所示：

$$I' = h(I)$$

其中图像函数 I' 将 I 中的所有像素向右移动 5 个单位（函数 h）。因此有如下等式：

$$I'(i, j) = (i - 5, j)$$

现在先将这个变换应用到 I 上，然后对结果进行卷积，得到的输出与先对 I' 进行卷积再将变换函数应用到 h 是一样的。

在图像处理中，卷积运算会发现输入数据中所有确定的特征，并输出一个二维图像。因此，与前文的示例类似，如果将输出中的对象以固定的比例移动，那么输出表征也将以相同的比例移动。这个概念在某些情况下非常有用，例如，假设有一张两支板球队的球员的合照，那么可以在图像中找到某个共同特征（如球衣）来区分一部分球员。类似的特征也必然存在于别人的 T 恤上。因此，在整个图像中共享参数是相当实用的。

卷积还有助于处理一些特殊类型的数据，而这对于传统的、具有固定形式的矩阵乘法来说是十分困难，甚至是不可能的。

3.3.3　为卷积层选择超参数

到目前为止，我们已经解释了卷积层中的每个神经元是如何连接到输入图像的。本节将探讨如何控制输出图像的大小，即控制输出图像中的神经元数量及其排列方式。

一般来说，用于控制卷积层输出图像大小的超参数有 3 个，分别是深度、步长和零填充。

我们如何知道应该使用多少个卷积层？滤波器的大小应该是多大？步长和填充的值是多少？这些都是非常主观的问题，其解决方案本质上毫不简单。研究人员并没有给这些超参数的选择设置标准。神经网络在很大程度上依赖于训练所使用的数据类型。这些数据的大小、输入原始图像的复杂性、图像处理任务的类型以及许多其他标准都是不同的。处理大数据集的一般思路是：必须考虑如何选择超参数来推断出正确的组合，从而在合理范围内创建图像的抽象。本节将对这些问题进行讨论。

1. 深度

深度是输出图像中的一个重要参数。深度对应滤波器的数量，我们会将这些滤波器应用于每个学习迭代中输入的某些变化。如果第一个卷积层将原始图像作为输入，那么沿深度维度的多个神经元可能会在各种明度值或不同定向边缘的刺激下被激活。相同输入区域中的神经元集合称为深度列。

2. 步长

步长指围绕空间维度（宽度和高度）分配深度列的策略。它控制滤波器在输入图像上的卷积行为。步长可以定义为滤波器在卷积过程中的移动距离。理想情况下，步长的值应该是整数，而不是分数。从理论上来说，该数值有助于决定在进入下一层前需要保留的输入图像信息的大小。步长越大，需要为下一层保留的信息就越多。

例如，当步长为 1 时，一个新的深度列被分配到一个单元的空间位置。因为各个深度列之间的感受野有大量重叠，所以会产生大量的输出图像。另一方面，如果步长增大，则感受野之间的重叠会减少，从而导致输出图像的尺寸较小。

我们举一个示例来简化这个概念。假设有一个 7×7 的输入图像和一个 3×3 的滤波器（为简单起见，这里忽略深度），且步长为 1。这种情况下的输出图像为 5×5，如图 3-7 所示。但这看起来有些太过简单。现在将步长设为 2，保持其他参数不变，则输出图像将具有较小的 3×3 的大小。这种情况下，感受野将移动 2 个单位，因此图像的尺寸将缩小到 3×3：

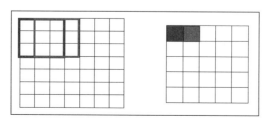

图 3-7 滤波器在一个 7×7 的输入图像中以步长 1 进行卷积，产生 5×5 的输出图像

　　如图 3-8 所示，所有计算都是基于本节后面提到的公式。现在，如果想要将步长增大到 3，那么我们很难确保该感受野适合输入图像。理想情况下，仅在感受野的重叠应较少时，或者需要较小的空间维度时，程序员才会加大步长。

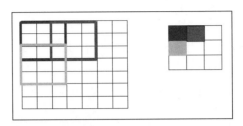

图 3-8　滤波器在一个 7×7 的输入图像中以步长 2 进行卷积，产生 3×3 的输出图像

3. 零填充

　　目前我们已经获得了足够的信息，可以推断出，随着更多的卷积层作用于输入图像，输出图像将进一步减小。但在某些情况下，我们可能希望尽可能保留所有原始输入图像的信息，以便提取边缘特征，此时可以使用零来填充输入图像的边缘。

　　零填充的大小被视为一个超级参数，可直接用于控制输出图像的空间大小。要想精确保留输入图像的空间大小，可以使用零填充。

　　例如，如果将 5×5×3 的滤波器应用于 32×32×3 的输入图像，那么输出图像将减小到 28×28×3。但假设我们想要使用相同的卷积层，同时将输出图像保持为 32×32×3，那么就应该对该层使用大小为 2 的零填充。这将得到一个 36×36×3 的输出图像，如图 3-9 所示。现在，如果将 5×5×3 的滤波器作用于 3 个卷积层，则将产生 32×32×3 的输出图像，从而保持输入图像的空间大小。

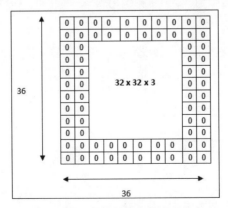

图 3-9　输入图像的尺寸为 32×32×3，边界的两个零填充将产生 36×36×3 的输入图像。
使用三个 5×5×3 的滤波器在该图像中以步长 1 进行卷积，从而产生一个 32×32×3
的输出图像

4.超参数的数学公式

接下来将引入一个方程，该方程可以根据超参数来计算输出图像的空间大小。该方程对于卷积神经网络超参数的选择非常有用，因为这是"拟合"网络中神经元的决定性因素。输出图像的空间大小可以写为具备一系列参数的函数，这些参数包括输入图像的大小（W）、感受野或卷积层神经元的滤波器大小（K）、步长的值（S）以及在边缘零填充的数量（P）。

计算输出图像空间大小的方程如下所示：

$$O = \frac{(W - K + 2P)}{S} + 1$$

思考图 3-7 和图 3-8 中给出的示例，其中 W=7，K=3，无填充，P=0。对于步长 1，有 S=1，因此将得到以下结果：

$$O = \frac{(7 - 3 + 2 \times 0)}{1} + 1 = 5$$

当步长为 2 时，等式如下所示：

$$O = \frac{(7 - 3 + 2 \times 0)}{2} + 1 = 3$$

因此，如图 3-7 所示，我们将得到一个空间大小为 3 的输出。但当步长为 3 时，这种配置将不适合输入图像，因为该方程的输出图像将为分数 2.333：

$$O = \frac{(7 - 3 + 2 \times 0)}{3} + 1 = 2.333$$

这也意味着超参数的值会相互约束。上一个示例返回了一个小数值，因此超参数将视为无效。但是我们可以通过在边框周围添加一些零填充来解决这个问题。

　超参数的空间布局是相互制约的。

- **零填充的作用**

前面说过，零填充的主要目的是将输入图像的信息保留到下一层。为了确保输入和输出图像拥有相同的空间大小，当步长 S=1 时，零填充的常规公式如下所示：

$$P = \frac{K - 1}{2}$$

以图 3-9 给出的示例为例，我们可以验证该公式的真实性。在该示例中，W=32，K=5，S=1。

因此，为了确保空间输出图像等于 32，我们选择的零填充数如下所示：

$$P = \frac{5-1}{2} = 2$$

因此，当 $P=2$ 时，输出图像的空间大小如下所示：

$$O = \frac{(32 - 5 + 2 \times 2)}{1} + 1 = 32$$

因此，该方程很好地保证了输入图像和输出图像拥有相同的空间维度。

3.3.4　ReLU 层

在卷积层中，系统通过元素乘法与求和来进行线性运算。深度卷积通常执行卷积运算，随后在每层后再进行一个非线性运算。这是必不可少的，因为串联的线性运算会产生另一个线性系统。在各层之间增加非线性可以使得该模型比线性模型更具表现力。

因此，在每个卷积层之后，在当前输出上应用一个激活层。激活层的主要目的是为系统引入一些非线性。现代卷积神经网络使用**修正线性单元**（Rectified Linear Unit，ReLU）作为激活函数。

在人工神经网络中，激活函数（即整流器）的定义如下所示：

$$f(x) = \max(0, x)$$

其中 x 是神经元的输入。

操作整流器的单元称为 ReLU。此前，网络中使用了许多非线性函数，如 $\tan h$、sigmoid 等，但在过去的几年中，研究人员已经发现 ReLU 层的效果要好得多，因为它们可以加快网络的训练速度，而不影响结果的准确性。计算效率的显著提高是一个主要因素。

此外，该层增强了模型和其他整体网络的非线性特性，而不会对卷积层的感受野产生任何影响。

2013 年，Mass 等人[94]引入了一种新版本的非线性函数，称为 leaky-ReLU。leaky-ReLU 的定义如下所示：

$$\text{Leaky} - \text{ReLU}(x) = \max(0, x) + \alpha \min(0, x)$$

其中 α 是预设参数。2015 年，他们[95]提出参数 α 也可以进行训练，并更新了这个方程，从而得到了一个改进的模型。

ReLU 相对于 sigmoid 函数的优势

ReLU 有助于缓解梯度消失问题（第 1 章详细解释过）。ReLU 将前面提到的函数 $f(x)$ 应用于输入图像的所有值，并将所有负激活转换为 0。对于 max 函数来说，梯度的定义如下所示：

$$\begin{cases} 0 & (x \leqslant 0) \\ 1 & (x > 0) \end{cases}$$

然而，对 sigmoid 函数来说，当增加或减小 x 的值时，梯度会逐渐消失。

sigmoid 函数的定义如下所示：

$$f(x) = \frac{1}{1 + e^{-x}}$$

sigmoid 函数的值域为 $[0,1]$，而 ReLU 函数的值域为 $[0,\infty]$。因此，sigmoid 函数可以对概率进行建模，而 ReLU 可对所有正数进行建模。

3.3.5 池化层

池化层是卷积神经网络的第三层。你可能会选择在 ReLU 层后应用池化层。池化层也可以称为下采样层。

池化函数主要用于进一步修改某一层的输出。该层的主要功能是利用相邻输出的汇总统计信息来替换网络在某个位置的输出。池化层有多个可选项，而"最大池化"是最受欢迎的一个。最大池化操作[93]在矩形邻域内进行，并输出其中的最大值。最大池化需要一个滤波器（大小通常为 2×2），步长与其大小相同（也就是 2）。接着将滤波器应用于输入图像，并输出滤波器卷积的每个区域的最大数字。图 3-10 展示了一个示例。池化层的其他流行选项包括矩形邻域的平均 L2 正则、基于到中心像素距离的矩形邻域的平均值或加权平均值。

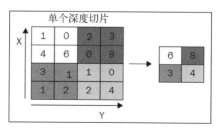

图 3-10　具有 2×2 滤波器和步长为 2 的"最大池化"的示例（图片来自维基百科）

　如果对相邻的特性感兴趣，而不是对特性的确切位置感兴趣，那么本地平移不变性是非常有用的。

池化层的使用场景

池化层背后的直观原因是，一旦知道原始输入图像的某个具体特征，那么相比于它与其他特征的相对位置，它在图像中的具体位置就变得无关紧要了。在池化的帮助下，即使输入图像有小幅平移，其表征也几乎是不变的。这种平移不变性意味着，对于输入图像的少量平移来说，大多数池化后的输出值并没有显著变化。

如果对相邻特征而不是特征的确切位置感兴趣，那么局部平移不变性是非常有益的。然而，在处理计算机视觉任务时，使用池化层要格外小心。虽然池化有助于降低模型的复杂性，但最终可能会使得模型失去对位置的敏感度。

举一个图像处理的示例：从图像中识别出盒子。如果只是想要确定盒子是否存在于图像中，那么池化层将会有所帮助。但如果问题是确定盒子的确切位置，那么在使用池化层时必须要小心。另一个示例是，假设我们正在研究一种语言模型，并且对两个单词之间的上下文相似性很感兴趣。这种情况下是不能使用池化层的，因为这会丢失一些有价值的特征信息。

因此，可以得出一个结论：池化层基本上用于降低模型的计算复杂度。如果对一组相邻特征更感兴趣，那么池化层更像是一个平均化的过程。如果损失部分局部信息无关紧要，则可以应用池化层。

3.3.6　全连接层

全连接层是卷积神经网络的最后一层。该层的输入图像来自前一个卷积层、ReLU 或池化层的输出。全连接层的输出是 N 维向量，其中 N 是初始输入数据集中不同类的数量。全连接层的工作原理是，它接收上一层的输出，并识别出与特定类最相关的特征。例如，如果模型在预测图像中是否包含猫或鸟，那么展示高级特征（如四条腿或翅膀）的激活图中将具有较高的值。

3.4　分布式深度卷积神经网络

本节将介绍一些非常优秀的深度卷积神经网络架构，它们使用更大规模的分布式计算来克服这些网络面临的挑战。接下来将介绍 Hadoop 及其 YARN 如何为此问题提供充分的解决方案。

3.4.1　最受欢迎的深度神经网络及其配置

近年来，卷积神经网络在图像识别方面取得了惊人的成果。但问题是，它们的训练费用十分昂贵。在一个连续的训练过程中，卷积操作占总运行时间的 95% 左右。当使用大数据集时，即使采用分布式训练方式，训练过程也需要好几天才能完成。卷积神经网络中的佼佼者 AlexNet 于 2012 年在 ImageNet 上使用了两个 GTX 580 3GB GPU 显卡，但仍旧花费了近一周的时间来训练模型。表 3-1 展示了最受欢迎的几个分布式深度卷积神经网络的配置及完成训练所需的时间。

表 3-1 分布式深度卷积神经网络的配置及完成训练所需的时间

模　型	计算能力	数　据　集	深　　度	训练时间
AlexNet	2 块 NVIDIA GTX 580 3GB GPU	在 ImageNet 数据上训练网络，其中包含 1500 多万张高分辨图像，一共有 2.2 万多个类别	8 层	5~6 天
ZFNet[97]	GTX 580 GPU	130 万张图像，分散在 1000 多个不同的类中	8 层	12 天
VGG Net[98]	4 块 Nvidia Titan Black GPU	该数据集包含 1000 个类的图像，并分成 3 个集合：训练集（1.3MB 图像）、验证集（50KB 图像）和测试集（100KB 图像，其中保留了类标签）	19 层	2~3 周
GoogLeNet[99]	一些高端 GPU	120 万张用于训练的图像	如果仅计算带有参数的层，那么网络有 22 层（如加上池化层，则一共 27 层）。用于构建网络的总层数(独立的构建块)约为 100 个	一周之内
Microsoft ResNet[100]	8 块 GPU	在 128 万图像上训练，并在 5 万张图像上进行验证	152 层	2~3 周

3.4.2 训练时间——深度神经网络面临的主要挑战

从表 3-1 可以明确地推断出，研究人员已经付出了许多努力来提高结果的准确性。该表体现了一个关键点，即网络层数已成为提高精度的主要标准之一。微软的 ResNet 使用了一个深度为 152 层的神经网络，这是一个非常优秀的深度神经网络。2015 年，该架构在深度卷积神经网络的分类、本地化和目标检测方面创造了许多新的纪录。除此之外，ResNet 也赢得了 2015 年的 ILSVRC，错误率只有惊人的 3.6%。

虽然深度卷积网络几乎快达到预期的精度，但几乎所有深度卷积神经网络中的主要关注点是表 3-1 的最右列。因此，这表明目前训练深度卷积神经网络的挑战是建立一个大规模的分布式框架，以便在一个快速的互联网络上在多个 CPU 和 GPU 上进行并行训练。

3.4.3 将 Hadoop 应用于深度卷积神经网络

本节将介绍如何使用 Hadoop 实现大规模的分布式深度模型，以加快处理速度。

卷积神经网络的运行时间可分为以下两大类。

□ 网络中的所有卷积层消耗约 90%~95%的计算量。它们使用大约 5%的参数，并且具有很大表征。[101]

❑ 剩余约 5%~10%的计算由全连接层消耗。它们使用近 95%的参数，并具有较小的表征。

Alex Krizhevsky 提出了一种使用分布式架构训练卷积神经网络的算法[101]。在传统的卷积神经网络中，卷积操作几乎消耗了所有的计算时间，因此，数据并行可用于加速训练。然而，对全连接层来说，更建议使用模型并行的方法。本节将使用 Hadoop 及其 YARN 来解释该算法。

在 Hadoop 中，分布式系统的工作者在 HDFS 的每个块上并行地处理数据。我们从原始输入图像中选出一个小批量数据（1024 个样本），并将它们保存在 HDFS 的 N 个块中。因此，每个小批量数据会被 N 个工作者处理。HDFS 的每个块的大小为 K。现在的问题是：K 的值是多少？虽然较小的 K 能增加块的数量并加快训练速度，但大量的 K 将导致 NameNode 中的元数据量增加。这里的主要缺点是 Hadoop 的单点故障（single point of failure，SPOF）[81]，当 NameNode 的内存不足时，就很容易发生这种情况。然而，当 K 的值较大时，HDFS 块的数量就会减少，进而并行运行的工作者数量就会减少，而这又会导致训练过程很缓慢。因此，选择合适的 K 值时需要考虑以下几点因素。

❑ NameNode 主内存大小的可用性。
❑ 每批输入数据的大小和计算每个数据块的复杂度。
❑ 数据中间结果的价值。基于这些标准，可以设定块的复制因子。然而，复制因子越高，NameNode 的负载也就越高。

HDFS 的块分布在 Hadoop 的所有 DataNode 节点上，YARN 将直接对其进行并行操作。

卷积层的分布式训练的步骤如下所示。

(1) 每个块（共 N 个）都包含了不同的一小批数据，即来自原始输入图像的 1024 个示例。
(2) 作用于每个块的滤波器与步长大小相同，因此单个空间的输出仅取决于它的输入。
(3) ReLU 并行、同步地作用于所有块，以获得非线性输出结果。
(4) 根据输出的必要性，可将最大池化或其他下采样算法应用于某些单独的数据块。
(5) 将 N 个块每次迭代的输出（变换后的参数）发回到名为资源管理器（Resource Manager）的主节点，它们的参数会在主节点上平均化。随后，更新后的参数发送回 N 个块中，以便重复执行该操作。
(6) 重复步骤(2)~(5)，直到达到预定的迭代次数。

对全连接层来说，作用于 N 个块中任意一个（一小批输入图像）的 N 个工作者之一，会将上一步的卷积结果发送给所有其他（$N–1$ 个）工作者。接下来，所有工作者将对 1024 个样本的第一批数据执行全连接操作，然后将它们的梯度值进行反向传播。在执行此操作的同时，下一个工作者将其上一步的卷积结果发送给其他工作者，这与之前的情况类似。所有的工作者将再次对

1024 个样本的第二批数据执行全连接操作。该过程将不断迭代，直到结果的误差达到期望的最小值。

在这种方法中，工作者向其他所有工作者传播各自上一步的卷积结果。这种方法的主要优点是，可以压缩很大一部分通信（(N–1)/N），并且可以和全连接层的计算并行运行。该方法在网络的通信方面非常有优势。

因此，很显然，在 HDFS 和 Hadoop YARN 的帮助下，Hadoop 可以为卷积神经网络提供分布式环境。

熟悉了如何利用 Hadoop 对分布式模型进行并行化后，接下来将讨论每个工作者在每个 HDFS 块上是如何编码的。

3.5　使用 Deeplearning4j 构建卷积层

本节将展示如何使用 Deeplearning4j 为卷积神经网络编写代码。你将了解使用本章提到的各种超参数的语法。

使用 Deeplearning4j 实现卷积神经网络可以分为 3 个核心阶段：加载数据或准备数据、网络配置，以及模型的训练和评估。

3.5.1　加载数据

一般来说，我们只用图像数据来训练卷积神经网络模型。在 Deeplearning4j 中，可以使用 `ImageRecordReader` 类读取图像。以下的代码片段显示了如何为模型加载 16×16 的彩色图像：

```
RecordReader imageReader = new ImageRecordReader(16, 16, false);
imageReader.initialize(new FileSplit(new
File(System.getProperty("user.home"), "image_location")));
```

除此之外，还可以使用 `CSVRecordReader` 类从 CSV 文件中加载所有图像的标签，如下所示：

```
int numLinesToSkip = 0;
String delimiter = ",";
RecordReader labelsReader = new
CSVRecordReader((numLinesToSkip,delimiter);
labelsReader.initialize(new FileSplit(new
File(System.getProperty("user.home"),"labels.csv_file_location"))
```

可以使用 `ComposableRecordReader` 类将图像与标签数据合并。当要合并多个数据源的数据时，也可以使用该类：

```
ComposableRecordReader(imageReader,labelsReader);
```

同样，如果在某些情况下需要将 imageset 替换成 MNIST 数据集，并加载到模型中，那么可以使用以下操作。此示例将 12345 作为随机数种子：

```
DataSetIterator mnistTrain = new
MnistDataSetIterator(batchSize,true,12345);
DataSetIterator mnistTest = new
MnistDataSetIterator(batchSize,false,12345);
```

3.5.2　模型配置

下一步操作就是配置卷积神经网络。Deeplearning4j 提供了一个简单的构造器，可以通过设置不同的超参数来逐层定义深度神经网络：

```
MultiLayerConfiguration conf = new NeuralNetConfiguration.Builder()
MultiLayerConfiguration.Builder builder = new
NeuralNetConfiguration.Builder()
.seed(seed)
.iterations(iterations)
.regularization(true)
.l2(0.0005)
.learningRate(0.01)
```

第一层是卷积层，可以通过 ConvolutionLayer.Builder 方法调用。build() 函数用于构建该层，stride() 函数用于设置卷积层的步长：

```
.layer(0, new ConvolutionLayer.Builder(5, 5)
```

nIn 与 nOut 表示深度，nIn 表示通道数，nOut 表示作用于该卷积层的滤波器数量：

```
.nIn(nChannels)
.stride(1, 1)
.nOut(20)
```

为了将 identity 函数设为激活函数，使用以下方式对其进行定义：

```
.activation("identity")
.build())
```

在第一层后调用 SubsamplingLayer.Builder 方法来构建一个最大池化层：

```
.layer(1, new SubsamplingLayer.Builder(SubsamplingLayer.PoolingType
.MAX)
.kernelSize(2,2)
.stride(2,2)
.build())
```

可以通过调用 DenseLayer.Builder().activation("relu")来增加一个 ReLU 层：

```
.layer(4, new DenseLayer.Builder().activation("relu")
.nOut(500).build())
```

可以通过调用 init() 方法对整个模型进行初始化:

```
MultiLayerNetwork model = new MultiLayerNetwork(getConfiguration());
model.init();
```

3.5.3　训练与评估

前文中提到过，训练模型时，需要将整个大数据集分成多个批次，然后模型将在 Hadoop 中逐批处理这些数据。假设将数据集分成 5000 个批次，每批 1024 个示例。接着 1024 个示例将分割成多个可被工作者并行处理的块。可使用 RecordReaderDataSetIterator() 方法完成大数据集的拆分操作。首先，对调用该方法所需要的参数进行初始化:

```
int batchSize = 1024;
int seed = 123;
int labelIndex = 4;
int iterations = 1
```

令图象中类的数量为 10:

```
int numClasses = 10;
```

现在，RecordReaderDataSetIterator() 的参数数量已经设置完成，我们可以调用该方法来建立训练平台:

```
DataSetIterator iterator = new
RecordReaderDataSetIterator(recordReader,batchSize,labelIndex,numClasses);
DataSet batchData= iterator.next();
batchData.shuffle();
```

在训练阶段，可以将各批数据随机分为训练集和测试集。如果想要将 70% 的样本作为训练集，其余 30% 作为测试集，那么可以通过以下方式设置此配置:

```
SplitTestAndTrain testAndTrain = batchData.splitTestAndTrain(0.70);
DataSet trainingData = testAndTrain.getTrain();
DataSet testData = testAndTrain.getTest();
trainAndTest =batchData.splitTestAndTrain(0.70);
trainInput = trainAndTest.getTrain();

testInput.add(trainAndTest.getTest().getFeatureMatrix());
```

训练完模型后，可以为每个批次保存测试数据以验证模型。因此，仅定义 Evaluation 类的一个对象，就能收集整个数据集的统计信息:

```
Evaluation eval = new Evaluation(numOfClasses);
for (int i = 0; i < testInput.size(); i++)
{
    INDArray output = model.output(testInput.get(i));
    eval.eval(testLabels.get(i), output);
}
```

至此，训练模型的准备工作已经完成。调用 fit() 方法即可开始训练，如下所示：

```
model.fit(trainInput);
```

3.6　小结

虽然卷积神经网络不是一个新的概念，但在过去的 5 年中得到了广泛普及。该网络主要应用于视觉领域。近几年来，Google、微软、苹果等技术公司以及各大知名研究人员对卷积神经网络进行了一些重要研究。本章首先介绍了该网络的核心概念——卷积，接下来介绍了卷积神经网络的各个层，然后深入解释了深度卷积神经网络的每个层，接着从理论和数学角度介绍了各种超参数及其与网络的关系，随后探讨了如何借助 Hadoop 及 YARN 实现分布式深度卷积神经网络，最后讨论了如何为在 Hadoop 上工作的每个工作者使用 Deeplearning4j 实现该网络。

下一章将探讨另一种流行的深度神经网络——循环神经网络。由于能够对可变长度序列进行建模，循环神经网络近来大受欢迎。到目前为止，该网络已可成功解决语言建模、手写识别、语音识别等问题。

第 4 章
循环神经网络

"我觉得大脑本质上就像计算机，而意识则好比计算机程序。关掉计算机时，程序就会终止。理论上来说，可以在神经网络中重建意识，但是难度非常大，因为这需要某个人的全部记忆。"

——史蒂芬·霍金

为了解决遇到的每个问题，人们不会从头开始思考过程。人的思维是非易失性的，类似于计算机的**只读存储器**（Read Only Memory，ROM）。当阅读一篇文章时，我们可以通过对之前单词的理解来推断出句中所有单词的含义。

我们通过现实生活中的一个示例来进一步解释。假设我们想要基于视频中每个点发生的事件进行分类。由于没有视频的前期事件信息，对传统深度神经网络来说，对这些事件进行分类无疑是一项棘手的任务。传统的深度神经网络无法执行这种操作，因此这是它们的主要局限之一。

循环神经网络[103]是一种特殊的神经网络，它为这些复杂的机器学习和深度学习问题提供了许多看似神秘的解决方案。上一章讨论了卷积神经网络，该网络专门用于处理 X 值的集合（如图像）。同样，循环神经网络也很擅长处理 X 值的序列，如 $x(0)$，$x(1)$，$x(2)$，…，$x(\tau-1)$。为了学习循环神经网络，本章首先将其与卷积神经网络进行对比，以便你了解循环神经网络的基本功能，并大体了解这种网络。

卷积神经网络可以轻易地扩展到宽度、高度和深度值都很大的图像。此外，某些卷积神经网络还可以处理不同尺寸的图像。

相比之下，循环神经网络可以轻易地扩展至长序列数据，大多数循环神经网络也能够处理可变长度序列数据。为了处理这些任意的输入序列，循环神经网络使用内在内存来完成这个工作。

循环神经网络通常以小批量的形式来操作序列，并包含向量 $x(t)$，时间步长索引 t 的范围从 0 到$(\tau-1)$。序列长度 τ 也可以根据小批量中的成员相应变化。时间步长索引不光可以表示现实世界的时间间隔，也可以指向序列内部的位置。

当按照时间展开时，循环神经网络可以看作具有不确定层数的深度神经网络。然而，与普通的深度神经网络相比,循环神经网络的基础功能和架构还是有些不同的。对于循环神经网络来说,层的主要功能是引入内存,而不是分层处理。对其他的深度神经网络来说,只有第一层提供输入,输出由最后一层生成。但在循环神经网络中,通常在每一个时间步长接收输入,并在这些时间间隔内计算出相应的输出。随着神经网络的迭代,新信息会整合到每一层中,并且网络可以根据这些信息进行无限次的网络更新。然而,在训练阶段,循环权值需要学习哪些信息应该向前传播,而哪些信息应该排除。这种特性是**长短期记忆**这种特殊形式的循环神经网络产生的主要动机。

循环神经网络几十年前就开始崭露头角[104],但最近才成为对可变长度的序列进行建模的一种流行方法。到目前为止,循环神经网络已成功在很多问题中实现,如学习文字内嵌[105]、语言建模[106~108]、语音识别[109]和在线手写识别[110]等。

本章将探讨关于循环神经网络你需要知道的一切以及相关核心内容。本章后面将介绍循环神经网络的一种特殊形式——长短期记忆。

本章涉及的主题如下:

- ❑ 循环网络与众不同的原因
- ❑ 循环神经网络
- ❑ 随时间反向传播
- ❑ 长短期记忆
- ❑ 双向循环神经网络
- ❑ 分布式深度循环神经网络
- ❑ 用 Deeplearning4j 训练循环神经网络

4.1   循环网络与众不同的原因

你或许对循环神经网络的特性充满了好奇。本节将讨论这些特性,后续会探讨这类网络的构建块。

通过学习第 3 章的内容,你可能了解了卷积神经网络的苛刻限制,知道了它们的 API 受限较多;卷积神经网络只能接收固定尺寸的向量为输入,并产生一个固定尺寸的输出向量。此外,这些操作是通过预先定义好数量的中间层来执行的。循环神经网络与众不同的主要原因是,它能够操作长向量序列,并生成不同的向量序列作为输出。

　　　　"如果训练香草①神经网络是对函数进行优化,那么训练循环网络则是对程序进行优化。"

——Alex Lebrun

---

① 香草指的是标准反向传播算法。——译者注

图 4-1 展示了神经网络不同类型的输入—输出关系，以描述其区别。以下是 5 种不同的输入—输出关系。

- ❏ **一对一**。这种输入—输出关系针对传统神经网络处理，并不涉及循环神经网络。主要用于图像分类，只需要将固定尺寸的输入映射到固定尺寸的输出即可。
- ❏ **一对多**。在这种类型的关系中，输入和输出保持一对多的关系。模型会根据固定尺寸的输入产生一个输出序列。经常可以看到模型接收一个图像（图像字幕）作为输入，并产生一个单词序列。
- ❏ **多对一**。在这种类型的关系中，模型接收一个输入序列，并输出单个观测值。例如，在情感分析中，模型接收一个句子或者一段评论，接着将语句中所表达的情感分类为正面或者负面。
- ❏ **多对多（可变的中间状态）**。模型接收一个输入序列，并生成一个相应的输出序列。在这种类型中，循环神经网络读取一个英文句子，接着将其翻译并输出为德文句子。这种类型常用于机器翻译领域。
- ❏ **多对多（固定数量的中间状态）**。模型接收一个同步的输入序列，生成一个输出序列。例如，在进行视频分类时，我们或许希望对视频中的每个事件进行分类。

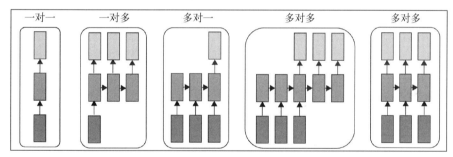

图 4-1　5 种输入—输出关系。长方形代表序列向量的每个元素，箭头表示函数。绿色表示输入向量，黄色表示输出向量，紫色表示循环神经网络的中间状态。图片来自参考文献[111]

涉及序列的操作通常比具有固定大小的输入和输出的网络功能更强大、前景更好。越来越多的智能系统使用这些模型进行构建。下一节将讨论如何构建循环神经网络，以及循环神经网络如何将输入向量与其带有定义函数的状态向量相结合，以生成新的状态向量。

4.2　循环神经网络

本节将讨论循环神经网络的架构，主要讲解时间是如何按照循环关系展开的，以及如何用于循环神经网络的计算。

4.2.1　展开循环计算

本节将阐释展开一个循环关系如何导致一个深度网络结构共享参数，并将其转化为计算模型。

思考动态系统的一个简单循环：

$$s^t = f(s^{t-1}; \theta)$$

在上述等式中，$s^{(t)}$ 表示系统在 t 时刻的状态，θ 是供所有迭代共享的参数。

该等式称为循环等式，这是因为计算 $s^{(t)}$ 需要 $s^{(t-1)}$ 返回的值，而 $s^{(t-1)}$ 又需要 $s^{(t-2)}$ 的值，以此类推。

这是动态系统的一个简单表示，旨在便于理解。再来看一个示例，其中的动态系统受外部信号 $x^{(t)}$ 所驱动，并产生输出 $y^{(t)}$：

$$s^t = f(s^{t-1}, x^t; \theta)$$

理想情况下，循环神经网络遵循第二种类型的等式，其内部中间状态还保留了前面整个序列的信息，但其实包含循环关系的任意等式都可以用于循环神经网络建模。

因此，与前馈神经网络相似，可以使用 t 时刻的变量 h 定义循环神经网络隐藏（中间）层的状态，如下所示：

$$h^t = f(h^{t-1}, x^t; \theta)$$

后面将介绍前面这个等式在循环神经网络中的功能。截至目前，为了说明这个隐藏层的功能，图 4-2 显示了一个没有输出的简单循环网络。图中左侧展示了一个当前状态影响下一个状态的网络。循环中间的框表示两个连续时间步长间的延迟。

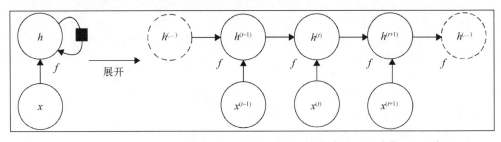

图 4-2　左侧展示了循环网络，其中信息随着每个时间步长多次经过隐藏层；右侧展开了左边网络的结构。网络的每一个节点与某个时间戳相对应

根据前面的循环等式，我们可以按照时间来展开隐藏状态。图片右侧展示了循环网络展开后的结构。可以随时间将循环网络展开，进而转化为前馈网络。

在展开后的网络中，每个时间步长的每个变量都可以显示为网络的一个单独节点。

因此,图 4-2 表明,展开操作可以定义为将左侧的回路映射到右侧分割为多个状态的计算模型。

按照时间展开的模型的优点

按照时间展开网络这种特性为模型提供了一些优点,主要包括如下几点。

❑ 没有参数的模型需要大量的训练样本来满足学习的目的。然而,学习共享的单一模型有助于泛化序列长度,甚至包括没有出现在训练集中的那些样本。这使得模型可以通过较少的训练样本来估计即将到来的序列数据。

❑ 不管序列的长度是多少,模型的输入大小保持不变。展开后的模型的输入大小是由从隐藏状态到另一状态的转换来指定的。但对其他情况来说,这是根据历史状态的未定义长度指定的。

❑ 由于参数共享,每一个时间步长,都可以使用相同的转换函数 f 及相同的参数。

4.2.2　循环神经网络的记忆

到目前为止,你可能已经认识到,前馈神经网络和循环神经网络的主要区别在于反馈回路。反馈回路被吸收进自身的中间结果,作为下一状态的输入。对于输入序列的每个元素,都会执行相同的任务。因此,每个隐藏状态的输出取决于之前的计算。在实际情况中,每个隐藏状态不仅和当前操作的输入序列有关,还与在前一个时间步长感知到的信息有关。因此,理想情况下,每个隐藏状态都必须拥有前一个时间步长的结果的所有信息。

因为这种特性需要持久化信息,所以说循环神经网络有**自己的记忆**。这种序列信息作为记忆保存在循环网络的隐藏状态中。这有助于处理即将到来的时间步长,因为网络通过向前传播来更新每个新序列的处理。

图 4-3 显示了 Elman 于 1990 年提出的**简单循环神经网络**的概念[112],它展示了循环神经网络的持久化记忆。

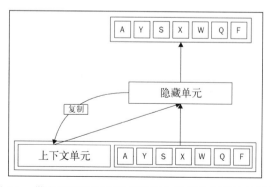

图 4-3　带有循环神经网络记忆概念的简单循环神经网络

在图 4-3 中，底部单词序列 AYSXWQF 的一部分表示当前关注的输入样例。该输入样例的每个方框表示一个单元池。向前箭头显示了完整的可训练映射（从每个发送输入的单元映射到下一个时间步长的每个输出单元）集合。上下文单元可以视为持久化记忆单元，保存前面时间步长的输出。从隐藏单元指向上下文单元的反向箭头展示了输出的复制操作，用于评估下一个时间步长的输出结果。

循环神经网络在 t 时间步长作出的决定主要取决于在 $(t-1)$ 时间步长作出的最后决定。由此可以推断，与传统神经网络不同，循环神经网络有两个输入源。

其中一个输入源是当前关注的输入单元，即图 4-3 中的 X；另一个输入源是从最近的输出接收到的信息，这是从图中的上下文单元中获得的。两个输入源结合起来决定了当前时间步长的输出。我们将在下一节中继续讨论这一话题。

4.2.3　架构

我们已经知道了循环神经网络拥有自己的记忆，可以收集迄今为止计算的信息。本节将讨论循环神经网络的通用架构及其运作方式。

图 4-4 展示了前向计算中涉及的计算时展开（或铺开）的典型循环神经网络。

展开或铺开神经网络意味着将完整的输入序列全部写出来。解释该架构前，我们先看一个示例。如果有一个 10 个单词的序列，那么循环神经网络会展开为一个 10 层的深度神经网络，每一层对应一个单词，如图 4-4 所示。

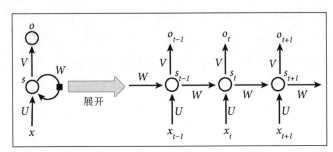

图 4-4　循环神经网络展开或铺开为一个完整的网络

从输入 x 到输出 o 的时间周期分为时间戳 $(t-1)$、t、$(t+1)$，以此类推。

循环神经网络的计算步骤和公式如下所示。

❑ 在图 4-4 中，x_t 是在 t 时间步长的输入。图中展示了 3 个时间戳的计算：$(t-1)$、t 和 $(t+1)$，其中输入分别是 $x_{(t-1)}$、x_t 和 $x_{(t+1)}$。例如，向量 x_1 和 x_2 相当于序列中的第二个单词和第三个单词。

- s_t表示在t时间步长的隐藏状态。从概念上讲，这个状态定义了神经网络的记忆。从数学上来说，s_t的公式或者携带记忆的过程可以写成如下形式：

$$S_t = \phi(Ux_t + Ws_{t-1})$$

因此，隐藏状态是时间步长x_t的输入乘以权值U，加上上一次时间步长s_{t-1}的隐藏状态乘以其自身的"隐藏状态—隐藏状态"矩阵W的函数。"隐藏状态—隐藏状态"矩阵经常称为状态转移矩阵，与马尔可夫链相似。权值矩阵就像过滤器，决定了过去隐藏状态和当前输入的重要性。当前状态产生的误差会通过反向传播发送回来以更新权值，直到误差最小化为期望值。

　为了计算第一个隐藏状态，需要确定$s{-}1$的值，通常会将其全部初始化为0。

与传统深度神经网络每层都采用不同的参数进行计算不同，循环神经网络在所有时间步长中共享相同的参数（这里指的是U、V和W），以计算隐藏层的值。这使得训练神经网络的过程变得更加容易，因为我们只需要学习更少的参数即可。

权值输入和隐藏状态的总和会通过函数f进行计算，函数f通常是非线性的，如sigmoid函数、$\tan h$或者ReLU激活函数。

- 在图4-4中，o_t表示时间步长t的输出。t时间步长的输出o_t仅仅是基于t时刻网络可用的记忆进行计算的。从理论上来说，虽然循环神经网络能够对任意长度的序列进行持久化记忆，但这实际上还有些复杂，因为它们只能回顾到前面的少数几步。从数学上来说，这可以表示为如下形式：

$$O_t = \mathrm{softmax}(Vs_t)$$

下一节将讨论如何通过反向传播训练循环神经网络。

4.3　随时间反向传播

你已经知道循环神经网络的主要需求是对顺序输入进行明确的分类。误差和梯度下降的反向传播旨在帮助完成这些任务。

在前馈神经网络中，最终误差输出、权值以及每个隐藏层的输入会沿着反方向传播。反向传播通过计算权值的偏导数来分配产生误差的权值：$-\delta E / \delta w$，其中E代表误差，w指的是相应的权值。导数会应用于学习速率，梯度会下降以更新权值，从而最小化误差率。

然而，循环神经网络不会直接使用反向传播，而是使用其定义为**随时间反向传播**的扩展版本。本节将讨论随时间反向传播，以阐释循环神经网络是如何训练的。

误差计算

　　随时间反向传播学习算法是传统反向传播算法的一种自然延伸，它基于一个完全展开的神经网络来计算梯度下降。

　　图 4-5 展示了展开循环神经网络的每个隐藏状态的误差。

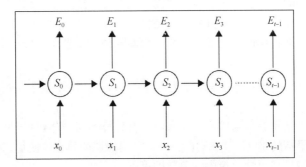

图 4-5　循环神经网络每个时间步长所对应的误差

　　用数学语言来说，每个状态的误差可以用如下公式计算：

$$E_t(o_t, \hat{o}_t) = -o_t \log \hat{o}_t$$

其中 o_t 表示正确的输出，$\hat{o}_t$ 表示在 t 时间步长的预测单词。整个网络的总误差（cost 函数）等于每一个时间步长的所有内部中间状态的误差之和。

　　如果循环神经网络展开为从 t_0 到 t_{n-1} 的多个时间步长，那么总误差可以写为如下所示：

$$E_{\text{total}}(t_1, t_n) = \sum_{t=t_1}^{t_n} E_t(o_t, \hat{o}_t) = -\sum_{t=t_1}^{t_n} o_t \log \hat{o}_t$$

　　与传统方法不同，在随时间反向传播的方法中，梯度下降权值是在每一个时间步长中更新的。

　　w_{ij} 表示从神经元 i 到神经元 j 的权值连接。η 表示神经网络的学习速率。那么在数学上，在每个时间步长由梯度下降更新的权值可以由下式给出：

$$\Delta W_{ij} = -\eta \frac{\delta E_{\text{total}}(t_0, t_{n-1})}{\delta W_{ij}}$$

$$= -\eta \sum_{t=t_0}^{t_{n-1}} \frac{\delta E_t}{\delta W_{ij}}$$

4.4　长短期记忆

本节将讨论称为**长短期记忆**的一个特殊单元，该单元集成到了循环神经网络中。长短期记忆的主要目的是防止循环神经网络出现重大问题，即梯度消失问题。

4.4.1　随时间深度反向传播的问题

与传统前馈神经网络不同，由于用非常短的时间步长来展开循环神经网络，以这种方式生成的前馈神经网络可能会非常深，这使得随时间反向传播来训练网络变得极其困难。

第 1 章讨论过梯度消失问题。在执行随时间反向传播的操作时，展开的循环神经网络会面临爆发的梯度消失问题。

循环神经网络的每个状态依赖于它的输入和它之前的输出乘以当前的隐藏状态向量。在反向传播过程中，相反方向的梯度会发生相同的操作。展开后的循环神经网络的层和多个时间步长通过乘法相互关联，因此导数容易随着每次传递而消失。

另一方面，当根据每个时间步长进行传递时，小的梯度会变得更小，而大的梯度则会变得更大，从而分别导致循环神经网络的梯度消失或梯度爆炸问题。

4.4.2　长短期记忆

20 世纪 90 年代中期，拥有一个特殊单元（**长短期记忆**单元）的循环神经网络的改进版本，由德国研究员 Sepp Hochreiter 和 Juergen Schmidhuber 提出[116]，用于防止梯度爆炸或梯度消失的问题。

长短期记忆有助于维持恒定误差，该误差可以通过时间和网络的每一层进行传播。保持恒定误差使得展开后的循环网络可以基于一个极深的神经网络进行学习，即使是按照上千个时间步长展开的。这最终打开了一个通道，以远程连接到产生效果的原因。

长短期记忆的架构通过特殊内存单元的内部状态来维持一个恒定的误差流。为了便于理解，图 4-6 展示了长短期记忆的基本框图。

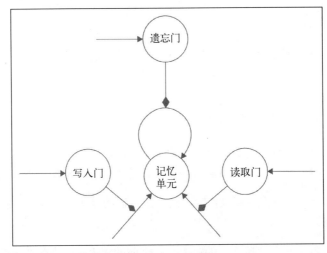

图 4-6 长短期记忆的基本框图

如图 4-6 所示，长短期记忆单元由用于长时间存储信息的记忆单元组成。写入门、读取门和遗忘门，这 3 个专门的控制门神经元控制对记忆单元的访问。与计算机的数字存储不同，这些控制门本质上是模拟物，范围从 0 到 1。相对于数字设备来说，模拟设备有一个额外的优点，即它们是可微的，可以用于反向传播。长短期记忆的控制门单元不是将信息作为输入传给下一个神经元，而是设置将神经网络的其他部分与记忆单元相连的权值。记忆单元基本上都是自连接的线性神经元。当遗忘门被重置（变为 0）时，记忆单元将它的内容写入自己，并记住上次记忆的内容。为了成功写入记忆单元，遗忘门和写入门应该设置为 1。此外，当遗忘门的输出接近 1 时，记忆单元实际上会忘记以前存储的内容。此时，当设置写入门时，任何信息都可以写入它的记忆单元。类似地，当读取门的输出为 1 时，它会允许网络的其余部分从它的记忆单元读取信息。

如前所述，计算传统循环神经网络梯度下降的问题是，在展开网络中基于时间步长进行传播时，误差梯度会迅速消失。通过添加一个长短期记忆单元，从输出反向传播的误差值会被收集到长短期记忆单元的记忆单元中。这种现象也称为**误差传输**。接下来将通过示例来描述长短期记忆是如何克服循环神经网络的梯度消失问题的。

图 4-7 展示了一个按照时间展开的长短期记忆单元。首先，将遗忘门和写入门的值初始化为 1，这会将信息 K 写入记忆单元里。写入后，通过设置遗忘门的值为 0，让该值保留在记忆单元里。接着将读取门的值设置为 1，这就可以从记忆单元读取并输出 K 值。从加载 K 到记忆单元的点到从记忆单元读取相同内容的点，都遵循随时间进行反向传播。

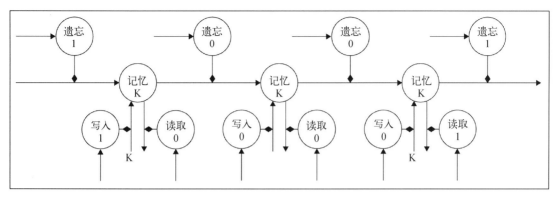

图 4-7　按照时间展开的长短期记忆，描绘了 3 种门如何守卫记忆单元的内容

　　从读取点接收到的误差导数通过网络反向传播，并进行一些名义上的变化，直到写入点为止。这是由记忆神经元的线性特性导致的。因此，通过这个操作，可以在数百个时间步长中维持误差导数，而不会陷入梯度消失问题的陷阱中。

　　长短期记忆优于标准循环神经网络的原因有很多。长短期记忆在连续手写识别方面取得了较好的成果[117]，而且同样成功地应用于自动语音识别。截至目前，苹果、微软、Google、百度等大型科技公司，已开始广泛使用长短期记忆网络作为其最新产品的主要组件[118]。

4.5　双向循环神经网络

　　本节将讨论循环神经网络的主要限制和双向循环神经网络，以及这种特殊的循环神经网络是如何克服这些不足的。除了从过去获取输入外，双向神经网络还可以从未来的环境中获取信息以便作出预测。

4.5.1　循环神经网络的不足

　　标准或单向的循环神经网络的计算能力是有限的，这是因为当前状态无法得到其未来的输入信息。很多情况下，未来的输入信息对序列预测极其有用。例如，在语音识别中，由于语言的依赖性，语音中某个音素的正确翻译可能会依赖于接下来的几个单词。手写识别也可能出现同样的情况。

　　在循环神经网络的一些改进版本中，通过在输出中插入一定数量（N 个）时间步长的延迟，可以不完全地实现该特性。这种延迟有助于捕获未来的信息以预测数据。虽然从理论上讲，为了捕捉到大部分可用的未来信息，N 的值可以设置得非常大，但在实际情况中，模型的预测能力会因 N 过大而下降。论文 "Bidirectional recurrent neural networks"[113]对该推论作出了一些逻辑解释。随着 N 值的增大，循环神经网络的大部分计算能力仅仅专注于 $x_{t_{c-y}}$ 的记忆输入信息以预测结

果 y_{tc}（如图 4-8 所示，图中 t_c 表示当前考虑的时间步长）。因此，模型在组合来自不同输出向量的预测信息方面就显得力不从心。图 4-8 展示了不同类型的循环神经网络需要的输入信息量。

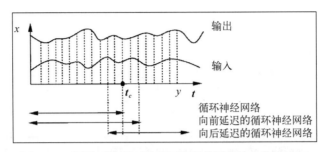

图 4-8   不同类型的循环神经网络所使用的输入信息[113]

4.5.2   解决方案

为了克服前文提到的单向循环神经网络的局限性，1997 年，**双向循环神经网络**问世[113]。

双向循环神经网络的基本理念是将常规循环神经网络的隐藏状态分成两部分：一部分负责向前传播状态（正时间方向），另一部分负责向后传播状态（负时间方向）。从向前传播状态生成的输出不会与向后传播状态的输入相连，反之亦然。图 4-9 展示了基于 3 个时间步长展开的双向循环神经网络的一个简单版本。

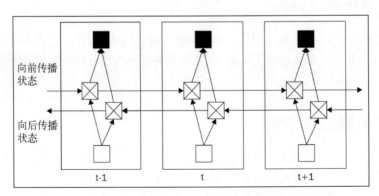

图 4-9   基于 3 个时间步长展开的双向神经网络的传统结构

因为需要考虑到这两种时间方向，所以这种结构使得当前考虑的时间框架很容易使用过去和将来的输入信息。因此，当前输出的目标函数最终会最小化，因为不需要加入延迟以包含将来的信息。这对上一节中提到的常规循环神经网络来说是十分必要的。

到目前为止，双向循环神经网络已经在语音识别[114]、手写识别和生物信息学等领域取得了显著的成功。

4.6 分布式深度循环神经网络

通过前面的学习，你已经对循环神经网络的应用、特性和架构有所了解，接下来将讨论如何将循环神经网络用作分布式架构。要想分布循环神经网络并不是一件容易的事，因此，过去只有少数研究员从事这方面的工作。虽然所有网络的数据并行概念是相似的，但是在多台服务器之间分布循环神经网络还是需要一些头脑风暴的，而这也是一项枯燥的工作。

最近，Google 的一个项目[119]已经尝试在许多服务器中架构用于语音识别任务的循环网络。本节将讨论如何借助 Hadoop 进行有关分布式循环神经网络的工作。

异步随机梯度下降可用于循环神经网络的大规模训练，它在深度神经网络的序列辨别训练方面取得了显著的成功。

一个两层的深度长短期记忆循环神经网络可用来构建长短期记忆网络。每个长短期记忆由800 个记忆单元组成。相关论文为长短期记忆网络使用了 1300 万个参数。对输入和输出单元使用了 $\tan h$ 函数（双曲正切激活函数），而对写入门、读取门和遗忘门则使用了逻辑 sigmoid 函数。

出于训练目的，语音输入的训练数据可以拆分，并在 Hadoop 框架的多个 DataNode 进行随机分发。长短期记忆放在所有这些 DataNode 上，并且分布式训练在这些数据集上并行执行。这种分布式训练使用异步随机梯度下降法。此外，该训练还使用了参数服务器，以维持所有模型参数的当前状态。

为了在 Hadoop 上实现这个过程，每个 DataNode 都必须在分区数据上执行异步随机梯度下降操作。运行在 DataNode 每个块上的每个工作者[①]对每个分区进行处理，一次处理一句话。对于语音中的每句话，模型参数 P 从前面提到的参数服务器中获取。工作者计算每一帧的当前状态，通过解码语音来计算最终的外部梯度，接着将更新后的参数发回参数服务器。然后工作者会重复请求参数服务器来提供最新的参数。随后执行随时间反向传播以计算下一组帧的更新的参数梯度，并再次发送回参数服务器。

4.7 用 Deeplearning4j 训练循环神经网络

训练循环神经网络不是一个简单的任务，有时对计算要求极其苛刻。训练数据的长序列包含非常多的时间步长，这让训练变得极为困难。到目前为止，你已经对如何以及为什么使用随时间反向传播训练循环神经网络有了更好的理解。本节将探讨使用循环神经网络的一个实际案例，该案例利用 Deeplearning4j 来实现。

下面举例说明如何使用循环神经网络对电影评论数据集进行情感分析。该网络面临的主要问

---

① 这里的工作者指的是 Hadoop 中的每个任务执行者。——译者注

题是将电影评论的一些原始文本作为输入，并根据内容将电影评论分为正面情感和负面情感。使用 Word2Vec 模型将原始评论文本的每个单词转换为词向量，然后输出到循环神经网络中。该例使用的大量原始电影评论数据集来自 http://ai.stanford.edu/~amaas/data/sentiment/。

使用 Deeplearning4j 训练模型的整个实现过程可以分为以下几步。

(1) 下载并提取原始电影评论数据。

(2) 配置训练所需要的网络配置，并评估其性能。

(3) 加载每条评论并使用 Word2Vec 模型将单词转化为词向量。

(4) 执行预定义的多次迭代训练。针对每一次迭代，基于测试集评估其性能。

(5) 下载并提取电影评论数据前，先设置下载配置。以下代码段设置了所需要的全部内容：

```
public static final String DATA_URL =
"http://ai.stanford.edu/~amaas/data/sentiment/*";
```

(6) 保存和提取本地文件路径中培训和测试数据的位置设置如下：

```
public static final String DATA_PATH = FilenameUtils.concat
(System.getProperty("java.io.tmpdir"),local_file_path);
```

(7) Google News 向量的本地文件系统的位置设置如下：

```
public static final String WORD_VECTORS_PATH =
"/PATH_TO_YOUR_VECTORS/GoogleNews-vectors-negative300.bin";
```

(8) 以下代码帮助将数据从 Web URL 下载到本地文件路径：

```
if( !archiveFile.exists() )
{
 System.out.println("Starting data download (80MB)...");
 FileUtils.copyURLToFile(new URL(DATA_URL), archiveFile);
 System.out.println("Data (.tar.gz file) downloaded to " +
archiveFile.getAbsolutePath());
 extractTarGz(archizePath, DATA_PATH);
}
else
{
 System.out.println("Data (.tar.gz file) already exists at " +
archiveFile.getAbsolutePath());
 if( !extractedFile.exists())
   {
     extractTarGz(archizePath, DATA_PATH);
   }
else
   {
     System.out.println("Data (extracted) already exists at " +
   extractedFile.getAbsolutePath());
   }
}
}
```

(9) 下载完原始电影数据后，可以继续设置循环神经网络来执行这些数据的训练。为了达到分布式训练的目的，下载的数据会分成若干个样本，以小批次的形式提供给 Hadoop 的工作者使用。为此，需要声明变量 batchSize。本例中，每批次包含 50 个样本，这些样本将分成多个 Hadoop 数据块，由工作者并行运行：

```
int batchSize = 50;
int vectorSize = 300;
int nEpochs = 5;
int truncateReviewsToLength = 300;
  MultiLayerConfiguration conf = new
  NeuralNetConfiguration.Builder()
  .optimizationAlgo(OptimizationAlgorithm.STOCHASTIC_GRADIENT_
   DESCENT)
  .iterations(1)
  .updater(Updater.RMSPROP)
  .regularization(true).l2(1e-5)
  .weightInit(WeightInit.XAVIER)
  .gradientNormalization(GradientNormalization
  .ClipElementWiseAbsoluteValue).gradientNormalizationThreshold(1.0)
  .learningRate(0.0018)
  .list()
  .layer(0, new GravesLSTM.Builder()
        .nIn(vectorSize)
        .nOut(200)
        .activation("softsign")
        .build())
  .layer(1, new RnnOutputLayer.Builder()
        .activation("softmax")
        .lossFunction(LossFunctions.LossFunction.MCXENT)
        .nIn(200)
        .nOut(2)
        .build())
  .pretrain(false)
  .backprop(true)
  .build();

MultiLayerNetwork net = new MultiLayerNetwork(conf);
net.init();
net.setListeners(new ScoreIterationListener(1));
```

(10) 设置完循环神经网络的网络配置后，可以继续以下的训练操作：

```
DataSetIterator train = new AsyncDataSetIterator(new
SentimentExampleIterator(DATA_PATH,wordVectors,
batchSize,truncateReviewsToLength,true),1);
DataSetIterator test = new AsyncDataSetIterator(new
SentimentExampleIterator(DATA_PATH,wordVectors,100,
truncateReviewsToLength,false),1);
for( int i=0; i<nEpochs; i++ )
{
  net.fit(train);
  train.reset();
```

```
System.out.println("Epoch " + i + " complete. Starting
evaluation:");
```

通过以下方式创建 Evaluation 类的对象来执行网络的测试：

```
Evaluation evaluation = new Evaluation();
while(test.hasNext())
{
  DataSet t = test.next();
  INDArray features = t.getFeatureMatrix();
  INDArray lables = t.getLabels();
  INDArray inMask = t.getFeaturesMaskArray();
  INDArray outMask = t.getLabelsMaskArray();
  INDArray predicted =
  net.output(features,false,inMask,outMask);
  evaluation.evalTimeSeries(lables,predicted,outMask);
}
test.reset();

System.out.println(evaluation.stats());
}
```

4.8　小结

与其他的传统深度神经网络相比，循环神经网络是特殊的，因为它能够处理长向量序列，并输出不同的向量序列。循环神经网络随时间展开，像前馈神经网络一样运行。循环神经网络的训练由随时间反向传播算法执行，该算法是传统反向传播算法的扩展。循环神经网络的一个特殊单元称为长短期记忆，该单元有助于克服随时间反向传播算法的局限性。

本章还讨论了双向循环神经网络，该网络是单向循环神经网络的更新版本。因为缺乏未来的输入信息，所以单向循环神经网络有时无法正确进行预测。本章最后还讨论了深度循环神经网络的分布式，及其用 Deeplearning4j 实现的示例。异步随机梯度下降可用于分布式循环神经网络的训练。下一章将讨论深度神经网络的另一个模型——受限玻尔兹曼机。

第 5 章

受限玻尔兹曼机

"我无法创建的事物正是我无法理解的。"

——Richard Feynman

截至目前，本书只讨论了判别模型。在深度学习中，我们可以通过这些模型构建不可观测变量 y 与观测变量 x 的相关性。在数学上可以表示为 $P(y|x)$。本章将讨论深度学习中所使用的深度生成模型。

生成模型是当给定一些隐藏参数时，可以随机生成一些可观测数据值的模型。该模型作用于标签序列和观测结果的联合概率分布上。

生成模型用于机器学习和深度学习，它可以作为生成条件概率密度函数的中间步骤，或直接根据概率密度函数构建观测值。

本章将讨论的比较流行的生成模型是**受限玻尔兹曼机**。它基本上是概率图模型，也可以解释为随机神经网络。

 随机神经网络可以定义为通过向网络提供随机变化而产生的一种人工神经网络。可以通过多种方式提供随机变化，例如提供随机权值或给网络中的神经元设置随机转移函数。

本章将讨论一种特殊的玻尔兹曼机，即受限玻尔兹曼机，这也是本章的主要内容。我们将讨论**基于能量的模型**与受限玻尔兹曼机的关系及其功能。然后会介绍受限玻尔兹曼机的延伸——**深度信念网络**。接着讨论它们在分布式环境中的大规模实现。最后还将给出使用 Deeplearning4j 实现受限玻尔兹曼机和深度信念网络的示例。

本章的组织结构如下所示：

❑ 基于能量的模型
❑ 玻尔兹曼机
❑ 受限玻尔兹曼机
❑ 卷积受限玻尔兹曼机

❑ 深度信念网络

❑ 分布式深度信念网络

❑ 用 Deeplearning4j 实现受限玻尔兹曼机和深度信念网络

5.1   基于能量的模型

深度学习和统计建模的主要目标是对变量之间的相关性进行编码。通过了解这些相关性，模型可以根据已知变量的值回答有关未知变量的问题。

基于能量的模型[120]通过识别能量范围来收集变量间的相关性，能量范围通常是衡量变量间各配置相关性的一种手段。在基于能量的模型中，可以通过设置观测变量的值并找到未观测变量的值来实现预测，从而将总能量最小化。基于能量的模型中的学习包括创建能量函数，该函数将低能量分配给未观测变量的正确值，并将较高能量分配给错误值。可以将基于能量的学习视为用于分类、决策或预测任务的概率估计的替代方法。

为了明确基于能量的模型的工作原理，我们来看一个简单的示例。

如图 5-1 所示，我们考虑可观测和不可观测两组变量，分别表示为 X 和 Y[①]。图中变量 X 表示图像中像素的集合。变量 Y 是离散的，包含分类所需对象的所有可能类别。这里，变量 Y 由六个可能的值组成，即飞机、动物、人类、汽车、卡车以及其他。该模型用作能量函数，来测量 X 和 Y 之间映射的正确性。

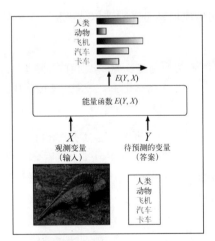

图 5-1   图中展示了一个能量模型，该模型可以计算观测变量 X 和隐变量 Y 之间的相关性。图像中的 X 是一组像素，Y 是用于对 X 进行分类的级别集合。模型发现选择"动物"可以使得能量函数最小化。图片源自参考文献[121]

---

① 即观测变量和隐变量。——译者注

该模型约定，小能量值意味着变量配置高度相关。另一方面，随着能量值的增大，变量的不相关性也同样增大。与变量 X 和 Y 相关的函数称为能量函数，表示如下：

$$E(Y, X)$$

在能量模型中，输入 X 来自于周围事物，并且通过模型生成输出 Y，而输出 Y 更有可能回答有关观测变量 X 的问题。该模型需要产生从集合 Y^* 中选择的值 Y'，这个值可以让能量函数 $E(Y, X)$ 的值最小。数学上的表示如下：

$$Y' = \mathrm{argmin}_{Y \in Y*} E(Y, X)$$

图 5-1 描述了前面提到的示例的整体框图。

深度学习中基于能量的模型与概率有关。概率正比于 e 的负能量的幂：

$$p(x) = \mathrm{e}^{-E(x)}$$

基于能量的模型通过创建函数 $E(x)$ 来间接定义概率。指数函数确保概率总是大于零。这也意味着，在基于能量的模型中，总是可以根据观测变量和不可观测变量自由地选择能量函数。虽然在基于能量的模型中一个分类的概率可以无限趋近于零，但绝不可能为零。

上述等式形式的分布是玻尔兹曼分布的一种形式。因此，基于能量的模型通常称为**玻尔兹曼机**。下面将介绍玻尔兹曼机及其各种形式。

5.2　玻尔兹曼机

玻尔兹曼机[122]是由对称连接的类似神经的单元构成的网络，用于对给定数据集进行随机决策。最初，引入玻尔兹曼机的目的是学习二元向量的概率分布。玻尔兹曼机具有简单的学习算法，可以帮助推断并得出关于包含二元向量的输入数据集的有趣结论。在具有多层特征检测器的网络中，学习算法会变得非常缓慢；然而，如果一次只学习一层特征检测器，那么学习会快得多。

为了解决学习问题，玻尔兹曼机由一组二元数据向量组成，并更新各个连接的权值，使得数据向量是在此权值下优化问题的较优解。玻尔兹曼机对这些权值进行了多次很小的更新，以解决学习问题。

玻尔兹曼机的一个 d 维二元向量可以定义为 $x \in \{0, 1\}^d$。如上所述，玻尔兹曼机是一种基于能量的模型，可以使用能量函数来定义其联合概率函数，如下所示：

$$p(x) = \frac{\exp(-E(x))}{Z}$$

在上述等式中，$E(x)$ 是能量函数，Z 称为确定 $\Sigma_x P(x) = 1$ 的配分函数。玻尔兹曼机的能量函数如下所示：

$$E(x) = -x^T W x - b^T x$$

其中 W 是模型参数的权值矩阵，b 是偏置参数的向量。

像基于能量的模型这样的玻尔兹曼机对观测变量和不可观测变量起作用。当观测变量的数量较少时，玻尔兹曼机的效率更高。这种情况下，不可观测变量或隐变量的表现如同多层感知机的隐藏单元，并在可见单元中表现出更阶的相互作用。

玻尔兹曼机在隐藏层之间以及可见单元之间具有层间连接。图 5-2 展示了玻尔兹曼机的示意图。

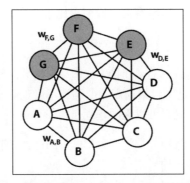

图 5-2　一种简单玻尔兹曼机的图形表示，其中无向边表示节点之间的相关性，$w_{i,j}$ 表示节点 i 和 j 之间的权值。图中展示了 3 个隐藏节点和 4 个可见节点

玻尔兹曼机的一个有趣特性是，学习规则不会随着隐藏单元的增加而改变。这有助于学习二元特征，以捕获输入数据的高阶结构。

玻尔兹曼机可作为离散变量的概率质量函数的通用逼近器。

 在统计学习中，**最大化似然估计**（Maximize Likelihood Estimation，MLE）是通过找到一个或多个参数值，找出给定观察值的统计模型参数的过程，将通过参数进行观察的可能性最大化。

5.2.1　玻尔兹曼机如何学习

玻尔兹曼机的学习算法通常是基于最大似然估计方法的。当使用基于最大似然估计的学习规则训练玻尔兹曼机时，连接模型两个单元的特定权值的更新将仅取决于这两个单元。网络的其他单元参与修改生成的统计信息。因此，可以在不让神经网络的其余部分参与的情况下，更新权值。换句话说，神经网络的其余部分只知道最终的统计信息，但不知道统计信息是如何计算得出的。

5.2.2 玻尔兹曼机的不足

在具有多个隐藏层的玻尔兹曼机中，网络会极大，这通常使得模型的训练变得很慢。当玻尔兹曼机的大小也同时呈指数级增长时，它将停止学习大规模数据。如果使用大型神经网络，那么其权值通常也会非常大，且均衡分布的要求也非常高。这将造成玻尔兹曼机出现严重问题，最终导致需要更长时间才能达到均衡分布的状态。

我们可以通过限制两层之间的连通性来克服这个问题，并通过一次学习一个隐藏层来简化学习算法。

5.3 受限玻尔兹曼机

深度学习可以使用一些模块来构建深度概率模型，而受限玻尔兹曼机就是"模块"的典型示例。受限玻尔兹曼机本身不是深度模型，但可以用作构建其他深度模型的基础模块。事实上，受限玻尔兹曼机是无向概率图模型，由一层观测变量和一层隐变量组成，可用于学习输入的表征。本节将介绍如何使用受限玻尔兹曼机来构建许多更深层次的模型。

我们通过两个示例来看看受限玻尔兹曼机的用例。受限玻尔兹曼机主要进行二元因子分析。假设一家餐厅想请客户以 0~5 分给食物打分。如果采用传统的方法，我们将尝试根据变量的隐藏因素来解释每个食品和客户。例如，意大利面和烤宽面条这类食物与意大利因素有很强的联系。受限玻尔兹曼机则采用不同的工作方法。相较于要求每位客户对食品进行连续评级，客户只需要简单地提及是否喜欢该食物，然后受限玻尔兹曼机将尝试推断各种潜在因素，这将有助于解释每位客户选择该食物的原因。

另一个示例是根据人们喜欢的电影类型来猜测其将选择观看的电影。假设 X 先生在给定的一系列电影中提供了他的五个二元偏好[1]。受限玻尔兹曼机的工作就是根据隐藏单元激活他的喜好。因此，这种情况下，这五部电影将向所有隐藏单元发送消息，要求它们自我更新。接着，受限玻尔兹曼机将根据先前赋予 X 先生的一些偏好，以高概率激活隐藏单元。

5.3.1 基础架构

受限玻尔兹曼机是一种仅有两层的浅层神经网络，用作构建深层模型的构建模块。受限玻尔兹曼机的第一层称为观察层或可见层，第二层称为潜在层或隐藏层。它是一个二分图，观察层中的任何变量之间或潜在层中的任何单元之间不允许互连。如图 5-3 所示，各层内部没有通信。因为这种限制，该模型称为**受限玻尔兹曼机**。每个节点用于处理输入的计算，并通过对是否传送该输入进行随机（随机确定）决策来参与输出。

---

① 即喜欢和不喜欢。——译者注

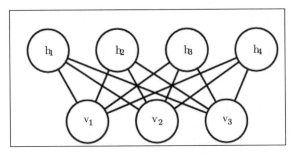

图 5-3　一个简单的受限玻尔兹曼机。该模型是一个对称的二分图，其中每个隐藏节点
连接到每个可见节点。隐藏单元表示为 h_i，可见单元表示为 v_i

二分图的顶点可以分成两个不相交的集合，从而让每个边将一个集合的顶点连接到
另一个集合。但是，同一集合的顶点之间没有连接。顶点集通常称为图的一个部分。

受限玻尔兹曼机的两层神经网络背后的主要直观事实是一些可见的随机变量（例如，来自不
同客户的食物评分）和一些潜在变量（如美食、客户国籍或其他内部因素），受限玻尔兹曼机的
训练任务是找出这两组变量相互连接的概率。

为了定义数学意义上的受限玻尔兹曼机的能量函数，我们将由一组 n_v 二元变量共同构成的观
察层表示为矢量 v。由 n_h 二元随机变量构成的隐藏层或潜在层表示为 h。

与玻尔兹曼机类似，受限玻尔兹曼机也是基于能量的模型，其联合概率分布由其能量函数
确定：

$$P(v,h) = \frac{\exp(-E(v,h))}{Z}$$

具有二元可见单元和隐藏单元的受限玻尔兹曼机的能量函数如下所示：

$$E(v,h) = -a^T v - b^T h - v^T W h$$

其中 a、b 和 W 是无约束的、可学习的实值参数。从图 5-3 中可以看出，模型分为两组变量 v 和 h。
单元之间的相互作用由矩阵 W 表示。

5.3.2　受限玻尔兹曼机的工作原理

现在，我们已经知道了受限玻尔兹曼机的基本架构，本节将讨论这个模型的基本工作流程。
向受限玻尔兹曼机提供一个用于学习的数据集。模型的每个可见节点从数据集的元素中接收一个
低级特征。例如，对灰度图像来说，最低级别的元素将是图像的一个像素值，可见节点将接收该
像素值。因此，如果图像数据集具有 n 个像素，那么处理它们的神经网络在可见层也必须拥有 n
个输入节点：

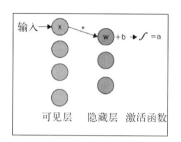

图 5-4 受限玻尔兹曼机计算的一条输入路径

现在，我们通过两层网络传播一个像素值 p。在隐藏层的第一个节点，p 乘以一个权值 w，并加上偏置。然后将最终结果反馈到生成节点的输出的激活函数。给定输入像素 p 的情况下，该操作会产生一个输出结果，该结果可以称为通过该节点的信号强度。图 5-4 展示了包含单个输入的受限玻尔兹曼机的计算过程。

$$f((w \times p) + b) = a$$

受限玻尔兹曼机的每个可见节点与一个单独的权值相关联。来自各个单元的输入在一个隐藏节点合并。来自输入的每个 p（像素）乘以其相关联的权值，且乘积结果加入偏置。将该结果传递给激活函数以生成节点的输出。图 5-5 展示了受限玻尔兹曼机可见层的多个输入所涉及的计算。

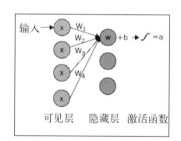

图 5-5 具有多个输入和一个隐藏单元的受限玻尔兹曼机的计算图

图 5-5 显示了如何使用与每个可见节点相关联的权值来计算隐藏节点的最终结果。

如前所述，受限玻尔兹曼机类似于二分图。此外，受限玻尔兹曼机的结构基本上类似于对称的二分图，因为从所有可见节点接收的输入将会传递到受限玻尔兹曼机的所有隐藏节点。

对每个隐藏节点来说，每个输入 p 乘以其相应的权值 w。因此，对于单个输入 p 和 m 个隐藏单元来说，输入将具有与其相关联的 m 个权值。在图 5-6 中，输入 p 将具有 3 个权值，图中总共有 12 个权值：来自可见层的 4 个输入节点和下一层中的 3 个隐藏节点。两层之间相关联的所有权值形成矩阵，其中行等于可见节点，列等于隐藏单元。在图 5-6 中，第二层的每个隐藏节点接受乘以各自权值的 4 个输入。然后，最终乘积的总和再加上偏置。接下来将该结果通过激活函数传递给下一层，从而在每个隐藏层产生一个输出。图 5-6 展示了这种场景下发生的全部计算。

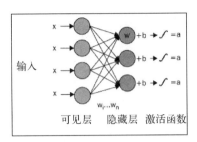

图 5-6   受限玻尔兹曼机的多个可见单元和隐藏单元所涉及的计算

堆叠式受限玻尔兹曼机可以形成更深层的神经网络,其中第一隐藏层的输出将传递到下一个隐藏层作为输入。这将通过一定数量的隐藏层来实现传播,其中隐藏层的数量与分类的数量相同。下一节将介绍如何将受限玻尔兹曼机作为深度神经网络来使用。

5.4   卷积受限玻尔兹曼机

图像或视频等较高维度的输入对传统机器学习模型的存储、计算和操作都造成了巨大的压力。第 3 章已经展示了如何使用基于核函数的离散卷积计算替换矩阵乘法,以解决这些问题。展望未来,Desjardins 和 Bengio[123]已经表明,这种方法也适用于受限玻尔兹曼机。本节将讨论该模型的功能。

此外,在标准受限玻尔兹曼机中,可见单元通过不同的参数和权值与所有隐藏变量直接相关联。通过空间局部特征来描述图像需要的参数更少,可以更好地概括信息。这也有助于从高维图像中检测和提取相同的局部特征。因此,并不推荐使用受限玻尔兹曼机从图像中检索所有全局特征以进行物体检测,特别是对高维图像。一种简单的方法是从输入图像中抽取小批量图像数据来对受限玻尔兹曼机进行训练,输入图像放置在 Hadoop DataNode 上的块中以生成局部特征。使用这种方法实现的受限玻尔兹曼机称为基于块的受限玻尔兹曼机,如图 5-7 所示。但这有一定的局限性。在 Hadoop 分布式环境中使用基于块的受限玻尔兹曼机不遵循小批量数据的空间关系,并将每个图像的微批量视为与相邻块相互独立。这使得从相邻块提取的特征是独立的,并稍显多余。

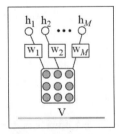

图 5-7   受限玻尔兹曼机的可见变量或可见单元可以与图像的微批量数据相关联,以计算最终结果。权值连接表示一组滤波器

为了处理这种情况，我们将使用**卷积受限玻尔兹曼机**，它是传统受限玻尔兹曼机模型的扩展。卷积受限玻尔兹曼机在结构上几乎和受限玻尔兹曼机一样，是一种两层模型，其中可见和隐藏随机变量构造为矩阵。因此，在卷积受限玻尔兹曼机中，可以为可见单元和隐藏单元定义局部和邻域。在卷积受限玻尔兹曼机中，可见矩阵表示图像，矩阵的小窗口定义图像的微批量数据。卷积受限玻尔兹曼机的隐藏单元划分为不同的特征图，以便在可见单元的多个位置定位多个特征。特征图中的单元在可见单元的不同位置表示相同的特征。卷积受限玻尔兹曼机的隐藏单元和可见单元之间的连接完全是局部的，权值通常会分割在隐藏单元的集合中。

卷积受限玻尔兹曼机的隐藏单元用于从可见单元的重叠微批量数据中提取特征。此外，相邻微批量数据的特征相互补充，并协作对输入图像进行建模。

图 5-8 展示了具有可见单元矩阵 V 和隐藏单元矩阵 H 的卷积受限玻尔兹曼机，隐藏单元矩阵 H 与 K 个 3×3 滤波器（即 $W_1, W_2, W_3, \cdots, W_K$）连接。图中隐藏单元分为 K 个称为特征图的子矩阵，即 $H_1, H_2, \cdots, H_K$。每个隐藏单元 H_i 表示存在于可见单元的 3×3 领域的特定特征。

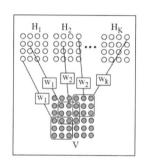

图 5-8　卷积受限玻尔兹曼机中涉及的计算

与基于块的受限玻尔兹曼机不同，卷积受限玻尔兹曼机在整个输入图像或图像的局部区域进行训练，以学习局部特征并利用重叠的微批量数据的空间关系，它们是以分布式方式在 Hadoop 上进行处理的。在卷积受限玻尔兹曼机中，重叠微批量数据的隐藏单元相互依赖和配合。因此，解释过的隐藏单元不需要在邻近的重叠微批量数据中再次解释。这又有助于减少特征冗余。

堆叠式卷积受限玻尔兹曼机

卷积受限玻尔兹曼机可以堆叠在一起以形成深度神经网络。**堆叠式卷积受限玻尔兹曼机**可以通过自下而上的方法逐层训练，类似于全连接神经网络的逐层训练法。在堆叠式神经网络中，在卷积受限玻尔兹曼机的每个过滤层后实现确定性下采样方法。为了下采样特征，在非重叠图像区域中执行最大池化操作。如第 3 章中所述，池化层有助于最小化特征维度。除此之外，它使得特征能够适应图片的小位移，并有助于传播更高级别的特征，以扩展输入图像的区域。

深度卷积受限玻尔兹曼机需要池化操作，以减小连续的每个神经网络层的空间大小。虽然大多数传统卷积模型在各种空间大小的输入上都可以正常工作，但对玻尔兹曼机来说，改变输入维度有些困难，这主要有两个原因。首先，能量函数的配分函数随着输入大小的变化而变化。其次，卷积网络通过增加与输入大小成比例的池化函数获得大小不变性。但是，扩大玻尔兹曼机的池化区是非常困难的。

对卷积受限玻尔兹曼机来说，位于图像边界处的像素也很难利用；更糟糕的是，玻尔兹曼机本质上还是对称的。这可以通过对输入隐式地填零来解决。记住，零填充输入通常由较少的输入像素驱动，这些输入像素在需要时可能不会被激活。

5.5　深度信念网络

深度信念网络是最流行的非卷积模型之一，它早在 2006 年至 2007 年间就可以成功部署为深度神经网络[124,125]。深度学习的复兴可能就是从 2006 年发明深度信念网络后开始的。在引入深度信念网络前，很难优化深度模型。通过更优于**支持向量机**的效率，深度信念网络已经表明深层模型是可以成功的。虽然与其他生成或无监督的学习算法相比，深度信念网络的普及程度更低一些，而且如今也很少使用，但是它们在深度学习史上仍然发挥着非常重要的作用。

 只有一个隐藏层的深度信念网络就是受限玻尔兹曼机。

深度信念网络是由多个隐变量层构成的生成模型。隐变量本质上是二元的，但可见单元可以由二元值或实数值构成。在深度信念网络中，某层所有的神经元与邻层的所有神经元相互连接，尽管可以存在具有稀疏连接单元的深度信念网络。中间层之间没有连接。如图 5-9 所示，深度信念网络基本上就是由几个受限玻尔兹曼机构成的多层网络。顶部两层间的连接是无向的。但所有其他层之间的连接是有向的，图中箭头指向最靠近数据的层。

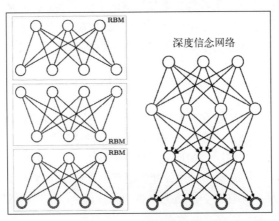

图 5-9　由三个受限玻尔兹曼机组成的深度信念网络

除了第一层和最后一层，深度信念网络的每层都有两个作用。首先，每层既作为其前一层的隐藏层，也作为其下一层的可见层或输入。深度信念网络主要用于聚类、识别和生成视频序列和图像。

逐层贪婪训练

2006 年，用于训练深度信念网络的一种逐层贪婪训练算法问世[126]。该算法一次训练深度信念网络的一个神经网络层。在这种方法中，首先训练受限玻尔兹曼机，将真实数据作为输入并对其进行建模。

一级深度信念网络就是受限玻尔兹曼机。逐层贪婪训练法的核心思想是，在对 m 级深度信念网络的顶层受限玻尔兹曼机进行训练后，在将参数加入到$(m+1)$级的深度信念网络中时，对参数的解释会变化。在受限玻尔兹曼机的层$(m-1)$和层 m 之间，层 m 的概率分布根据该受限玻尔兹曼机的参数来定义。但对深度信念网络来说，层 m 的概率分布根据上层的参数来定义。该过程可以无限地重复，以便与所需的深度信念网络层相连接。

5.6 分布式深度信念网络

到目前为止，深度信念网络已经在语音和电话识别[127]、信息检索[128]、人体运动建模[129]等众多应用中取得了重大成就。然而，受限玻尔兹曼机和深度信念网络的顺序实现都存在各种限制。在使用大规模数据集时，由于计算时间长、对内存性能要求较高等特点，这两种模型在应用中体现出了各种缺陷。为了处理大数据，受限玻尔兹曼机和深度信念网络需要进行分布式计算，以提供可扩展的、连续的、高效的学习。

为了接受存储在计算机集群上的大型数据集，深度信念网络应该使用 Hadoop 和 Map-Reduce 来实现分布式学习方法。参考文献[130]为受限玻尔兹曼机的每个级别展示了一个键值对方法，其中预训练是在 Map-Reduce 框架的分布式环境中逐层完成的。通过对受限玻尔兹曼机进行训练的迭代计算方法，完成深度信念网络在 Hadoop 上的学习。因此，深度信念网络的分布式训练是通过堆叠多个受限玻尔兹曼机实现的。

5.6.1 受限玻尔兹曼机的分布式训练

如前几节所述，受限玻尔兹曼机的能量函数如下所示：

$$E(v, h) = -a^T v - b^T h - v^T W h$$

将输入数据集 $I = \{x_i = i = 1, 2, \cdots, N\}$ 用于受限玻尔兹曼机的分布式学习。如前面所述，对深度信念网络的学习来说，受限玻尔兹曼机的每个级别的权值和偏置首先需要通过逐层贪婪无监督训练进行初始化。分布式训练的目的是学习权值以及相关的偏置 b 和 c。对使用 Map-Reduce 的分布式受限玻尔兹曼机来说，每次迭代中的每个 Map-Reduce 任务都是至关重要的。

我们使用 Gibbs 采样进行矩阵–矩阵的乘法运算，而对于受限玻尔兹曼机的训练，Gibbs 采样将花费大部分计算时间。因此，为了缩短计算时间，可以在 Map 阶段将 Gibbs 采样分配到多个数据集上，这些数据集在 Hadoop 框架的不同 DataNode 上运行。

> Gibbs 采样是一种**马尔可夫链蒙特卡洛**（Markov chain Monte Carlo，MCMC）算法，当传统的直接抽样难以实现时，该采样方法可用于确定观测值序列，这些观测值由指定的多变量概率分布进行估计。

首先，我们将初始化训练需要的所有参数，如可见层和隐藏层的神经元数量、输入层偏置 a、隐藏层偏置 b、权值 W、迭代次数（假设为 N）、学习率等。迭代的次数意味着 Map 和 Reduce 阶段都将迭代 N 次。对每次迭代来说，mapper 针对 DataNode 的每个块运行，并执行 Gibbs 采样以计算 W、a 和 b 的近似梯度。接着，reducer 使用下一次迭代所需的计算增量来更新这些参数。因此，从第二次迭代起，Map 阶段的输入值以及 W、a 和 b 的更新值根据前一次迭代中 reducer 的输出来计算。

输入数据集 I 被分成多个数据块，并存储在不同的块中，在每个 DataNode 上运行。在存储块上运行的每个 mapper 将计算存储在该块上的数据块的权值和偏置的近似梯度。接着，reducer 会计算相应参数的增量并更新它们。该过程将所得到的参数和更新后的值视为本次迭代的 Map-Reduce 阶段的最终结果。每次迭代后，如果这是最后一次迭代，那么 reducer 将决定是否存储学习权值，否则将决定是否增加迭代索引，并将键值对的值传播给下一个 mapper。

5.6.2　深度信念网络的分布式训练

如果需要对具有 L 个隐藏层的深度信念网络进行分布式训练，那么可以通过预训练 L 级受限玻尔兹曼机进行学习。底层受限玻尔兹曼机的训练如之前讨论的那样，但对于其余的 $(L-1)$ 层受限玻尔兹曼机来说，输入数据集在每一层都有所改变。

第 m（$L \geqslant m > 1$）级受限玻尔兹曼机的输入数据，将是第 $(m-1)$ 级受限玻尔兹曼机的隐藏节点的条件概率：

$$\begin{cases} P(h1 \mid x) & (m = 2) \\ P(h_m \mid h_{m-1}) & (L \geqslant m > 2) \end{cases}$$

1. 分布式反向传播算法

这是对全局网络进行调优的反向传播算法的分布式训练的第二阶段。在这个过程中，在计算权值的梯度时，前馈和反向传播方法占用大部分的计算时间。因此，对于每次迭代来说，为了更快地执行，此过程应在输入数据集的每个微批量数据上并行运行。

在该过程的第一步中，L 级深度信念网络的学习权值（即 $W_1, W_2, \cdots, W_L$）被加载到内存中，同时其他超参数进行初始化。在这个微调阶段，map 和 reduce 阶段的主要工作类似于受限玻尔兹曼机分布式训练。mapper 将确定权值的梯度，并最终更新权值增量。reducer 从一个或多个权值更新权值增量，并将输出传递给 mapper 以执行下一次迭代。

该过程的主要目的是通过将标签层放置在全局网络的顶层，并迭代地调整整个层的权值，获得模型的判别能力。

2. 受限玻尔兹曼机和深度信念网络的性能评估

参考文献[130]在 Hadoop 集群上进行了分布式受限玻尔兹曼机和深度信念网络的测试，以提供与传统顺序方法的对比研究。该实验是在 MNIST 数据集上进行手写数字识别。训练集有 6 万张图像，测试集有 1 万张图像。HDFS 的块大小设置为 64MB，复制因子为 4。所有节点都设置为最多运行 26 个 mapper 和 4 个 reducer。如果有兴趣的话，你可以修改块大小和复制因子，查看使用这些参数进行实验的最终结果。

● **训练时间大幅缩短**

该实验的目的是对比分布式受限玻尔兹曼机和深度信念网络与传统训练方法（顺序）的训练时间。顺序程序在一个 CPU 上执行，而分布式程序则在一个节点的 16 个 CPU 上执行。两个实验都是在前面提到的 MNIST 数据集上进行的。表 5-1 和表 5-2 总结了得到的结果。

表 5-1　完成分布式和顺序受限玻尔兹曼机训练所需的时间

模　　型	训练时间
传统的受限玻尔兹曼机	6 小时 44 分
分布式受限玻尔兹曼机	1 小时 13 分

表 5-2　完成分布式和顺序深度信念网络训练所需的时间

模　　型	训练时间
传统的深度信念网络	31 小时 4 分
分布式深度信念网络	10 小时 35 分

表中数据清楚地表明，相对于传统的顺序方法，通过 Hadoop 使用分布式受限玻尔兹曼机和深度信念网络有很大优势。模型的分布式方法的训练时间相对于顺序方法缩短很多。此外，使用 Hadoop 分布式框架的另一个关键优点是，它可以根据训练数据集的大小和用于分布式训练的机器数量良好地扩展。

下一节将展示使用 Deeplearning4j 完成两种模型的编程方法。

5.7　用 Deeplearning4j 实现受限玻尔兹曼机和深度信念网络

本节将介绍如何使用 Deeplearning4j 编写受限玻尔兹曼机和深度信念网络的代码。你将学到使用本章中各种超参数的语法。

使用 Deeplearning4j 实现受限玻尔兹曼机和深度信念网络的整体思路非常简单。整个实现可分为三个核心阶段：数据加载或数据准备、网络配置，以及模型训练和验证。

我们将先讨论 IrisDataSet 上的受限玻尔兹曼机，接着讨论深度信念网络的实现。

5.7.1　受限玻尔兹曼机

为了创建和训练受限玻尔兹曼机，首先需要定义和初始化模型所需要的超参数：

```
Nd4j.MAX_SLICES_TO_PRINT = -1;
Nd4j.MAX_ELEMENTS_PER_SLICE = -1;
Nd4j.ENFORCE_NUMERICAL_STABILITY = true;
final int numRows = 4;
final int numColumns = 1;
int outputNum = 10;
int numSamples = 150;
```

这里的批量大小可以初始化为 150，这意味着数据集的 150 个样本将一次性提交给 Hadoop 框架。确保所有其他参数都进行了初始化，就像我们在前几章中所做的那样。

```
int batchSize = 150;
int iterations = 100;
int seed = 123;
int listenerFreq = iterations/2;
```

接下来，基于定义的 `batchsize` 和每个批量数据的样本数量将 Irisdataset 加载到系统中：

```
log.info("Load data....");
DataSetIterator iter = new IrisDataSetIterator(batchSize, numSamples);
DataSet iris = iter.next();
```

这里使用 `NeuralNetConfiguration.Builder()` 创建作为神经网络层的受限玻尔兹曼机。类似地，受限玻尔兹曼机的对象用于存储属性，如应用于观察层和隐藏层的高斯变换和修正线性变换：

```
NeuralNetConfiguration conf = new NeuralNetConfiguration.Builder()
.regularization(true)
  .miniBatch(true)
  .layer(new RBM.Builder().l2(1e-1).l1(1e-3)
    .nIn(numRows * numColumns)
    .nOut(outputNum)
```

ReLU 用作激活函数：

```
.activation("relu")
```

weightInit() 函数用于初始化权值，其表示放大进入每个节点的输入信号所需的系数的初始值：

```
.weightInit(WeightInit.RELU)
.lossFunction(LossFunctions.LossFunction.RECONSTRUCTION
_CROSSENTROPY.k(3)
```

高斯变换用于可见单元，修正线性变换用于隐藏层。这在 Deeplearning4j 中是非常简单的。我们需要在 .visibleUnit 和 .hiddenUnit 方法中传递参数 VisibleUnit.GAUSSIAN 和 HiddenUnit.RECTIFIED：

```
.hiddenUnit(HiddenUnit.RECTIFIED).visibleUnit(VisibleUnit.GAUSSIAN)
 .updater(Updater.ADAGRAD).gradientNormalization(Gradient
 Normalization.ClipL2PerLayer)
 build()
.seed(seed)
.iterations(iterations)
```

反向传播步长定义如下：

```
.learningRate(1e-3)
.optimizationAlgo(OptimizationAlgorithm.LBFGS)
.build();
Layer model = LayerFactories.getFactory(conf.getLayer()).create(conf);
model.setListeners(new ScoreIterationListener(listenerFreq));
log.info("Evaluate weights....");
INDArray w = model.getParam(DefaultParamInitializer.WEIGHT_KEY);
log.info("Weights: " + w);
```

要想扩展到数据集，可以使用 DataSet 类的对象来调用 scale()：

```
iris.scale();
```

上一步的验证完成后，该模型现在完全可以接受训练了。和之前的模型一样，可以使用 fit() 方法进行训练，并将 getFeatureMatrix 作为参数传递：

```
log.info("Train model....");
for(int i = 0; i < 20; i++)
  {
   log.info("Epoch "+i+":");
   model.fit(iris.getFeatureMatrix());
  }
```

5.7.2　深度信念网络

如本章所述，深度信念网络是大量受限玻尔兹曼机的堆叠版。本节将展示如何使用 Deeplearning4j 来编写并部署深度信念网络。程序的流程将遵循与其他模型一样的标准步骤。使用 Deeplearning4j 实现简单的深度信念网络是非常容易的。该示例将展示如何使用深度信念网络训练和遍历输入的 MNIST 数据。

对于 MNIST 数据集，以下代码指定了样本的批量大小和数量，用户将同时指定它们来加载 HDFS 中的数据：

```
log.info("Load data....");
DataSetIterator iter = new MnistDataSetIterator(batchSize,numSamples,
true);
```

接下来，通过将 10 个受限玻尔兹曼机叠在一起来构建该模型。以下代码显示了使用 Deeplearning4j 的实现方式：

```
log.info("Build model....");
MultiLayerConfiguration conf = new NeuralNetConfiguration.Builder()
  .seed(seed)
  .iterations(iterations)
  .optimizationAlgo(OptimizationAlgorithm.LINE_GRADIENT_DESCENT)
  .list()
  .layer(0, new RBM.Builder().nIn(numRows * numColumns).nOut(1000)
  .lossFunction(LossFunctions.LossFunction.RMSE_XENT).build())
  .layer(1, new RBM.Builder().nIn(1000).nOut(500)
  .lossFunction(LossFunctions.LossFunction.RMSE_XENT).build())
  .layer(2, new RBM.Builder().nIn(500).nOut(250)
  .lossFunction(LossFunctions.LossFunction.RMSE_XENT).build())
  .layer(3, new RBM.Builder().nIn(250).nOut(100)
  .lossFunction(LossFunctions.LossFunction.RMSE_XENT).build())
  .layer(4, new RBM.Builder().nIn(100).nOut(30)
  .lossFunction(LossFunctions.LossFunction.RMSE_XENT).build())
  .layer(5, new RBM.Builder().nIn(30).nOut(100)
  .lossFunction(LossFunctions.LossFunction.RMSE_XENT).build())
  .layer(6, new RBM.Builder().nIn(100).nOut(250)
  .lossFunction(LossFunctions.LossFunction.RMSE_XENT).build())
  .layer(7, new RBM.Builder().nIn(250).nOut(500)
  .lossFunction(LossFunctions.LossFunction.RMSE_XENT).build())
  .layer(8, new RBM.Builder().nIn(500).nOut(1000)
  .lossFunction(LossFunctions.LossFunction.RMSE_XENT).build())
  .layer(9, new OutputLayer.Builder(LossFunctions.LossFunction.
  RMSE_XENT).nIn(1000).nOut(numRows*numColumns).build())
  .pretrain(true)
  .backprop(true)
  .build();
MultiLayerNetwork model = new MultiLayerNetwork(conf);
model.init();
```

在最后一部分中，通过调用 fit()方法，使用加载后的 MNIST 数据集训练代码：

```
log.info("Train model....");
while(iter.hasNext())
  {
  DataSet next = iter.next();
  model.fit(new DataSet(next.getFeatureMatrix(),next.
  getFeatureMatrix()));
  }
```

一旦代码执行，该程序将给出以下输出：

```
Load data....
Build model....
Train model....


o.d.e.u.d.DeepAutoEncoderExample - Train model....
o.d.n.m.MultiLayerNetwork - Training on layer 1 with 1000 examples
o.d.o.l.ScoreIterationListener - Score at iteration 0 is 394.462
o.d.n.m.MultiLayerNetwork - Training on layer 2 with 1000 examples
o.d.o.l.ScoreIterationListener - Score at iteration 1 is 506.785
o.d.n.m.MultiLayerNetwork - Training on layer 3 with 1000 examples
o.d.o.l.ScoreIterationListener - Score at iteration 2 is 255.582
o.d.n.m.MultiLayerNetwork - Training on layer 4 with 1000 examples
o.d.o.l.ScoreIterationListener - Score at iteration 3 is 128.227
...............................


o.d.n.m.MultiLayerNetwork - Finetune phase
o.d.o.l.ScoreIterationListener - Score at iteration 9 is 132.45428125
..........................


o.d.n.m.MultiLayerNetwork - Finetune phase
o.d.o.l.ScoreIterationListener - Score at iteration 31 is 135.949859375
o.d.o.l.ScoreIterationListener - Score at iteration 32 is 135.9501875
o.d.n.m.MultiLayerNetwork - Training on layer 1 with 1000 examples
o.d.o.l.ScoreIterationListener - Score at iteration 33 is 394.182
o.d.n.m.MultiLayerNetwork - Training on layer 2 with 1000 examples
o.d.o.l.ScoreIterationListener - Score at iteration 34 is 508.769
o.d.n.m.MultiLayerNetwork - Training on layer 3 with 1000 examples



..........................


o.d.n.m.MultiLayerNetwork - Finetune phase
o.d.o.l.ScoreIterationListener - Score at iteration 658 is 142.4304375
o.d.o.l.ScoreIterationListener - Score at iteration 659 is 142.4311875
```

5.8　小结

受限玻尔兹曼机是一种生成模型，当提供一些潜在或隐藏的参数时，它可以随机生成可见数据值。本章讨论了玻尔兹曼机的概念和数学模型，它是一种基于能量的模型。然后讨论并展示了受限玻尔兹曼机的图形表示。此外，还讨论了卷积受限玻尔兹曼机，它是卷积和受限玻尔兹曼机的组合，用于提取高维图像的特征。接着介绍了流行的深度信念网络，它只不过是受限玻尔兹曼机的堆叠式实现。本章还进一步讨论了在 Hadoop 分布式框架中对受限玻尔兹曼机和深度信念网络进行分布式训练的方法。

本章最后提供了这两个模型的代码示例。下一章将介绍一种名为"自动编码器"的生成模型及其各种变形，如降噪自动编码器、深度自动编码器等。

第6章
自动编码器

"人们担心计算机会变得太过智能并接管世界，然而实际问题是计算机太笨了，并且已经接管了世界。"

——Pedro Domingos

上一章探讨了名为受限玻尔兹曼机的生成模型，本章将介绍另一种生成模型——**自动编码器**。自动编码器是一种人工神经网络，通常用于降维、特征学习或提取。

本章将详细讨论自动编码器的概念及其各种形式，还会对术语**正则化自动编码器**和**稀疏编码器**进行解释。我们将会提到稀疏编码的概念，以及稀疏自动编码器中的稀疏因子的选择标准。接下来探讨深度学习模型、深度自动编码器以及使用 Deeplearning4j 完成的实现。降噪自动编码器是传统自动编码器的另一种形式，将在本章的最后讨论。

总的来说，本章分为以下几个部分：

□ 自动编码器
□ 稀疏自动编码器
□ 深度自动编码器
□ 降噪自动编码器
□ 自动编码器的应用

6.1 自动编码器

自动编码器是具有一个隐藏层的神经网络，被训练用于学习恒等函数，该函数试图重建输入到输出的过程。换句话说，自动编码器会尝试将输入数据投影到由隐藏节点定义的低维子空间中，从而复制该数据。隐藏层 h 描述了一段编码，该编码用于表示输入数据及其结构。因此，这个隐藏层必须从它的输入训练数据集中学习数据结构，以便在输出层复制输入。

自动编码器的网络可以切分为两部分：编码器和解码器。可以通过函数 $h=f(k)$ 来描述编码器，而尝试重建或复制的解码器则由 $r=g(h)$ 来定义。自动编码器的基本思想是仅复制输入中相对重要的部分, 而不是创建和输入一模一样的副本。它们就是这样设计的, 以便限制隐藏层只近似地复制, 而不是复制输入数据中的所有内容。因此, 如果学习目标是对所有的 k 都设置 $g(f(k))=k$, 那么这个自动编码器是没有什么用处的。图 6-1 展示了自动编码器的通用结构, 它将输入 k 通过代码 h 的内部隐藏层映射到输出 r。

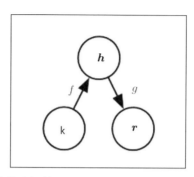

图 6-1 自动编码器的通用框图。输入 k 通过一个隐藏状态或者内部表征 h 映射到输出 r。
编码器 f 将输入 k 映射到隐藏状态 h, 解码器 g 将 h 映射到输出 r

我们再来看一个示例。图 6-2 展示了输入图像块 k 的自动编码器的实际表征, 输入图像块 k 学习隐藏层 h 以输出 r。输入层 k 是来自图像块的强度值的组合。隐藏层节点帮助将高维输入层投影为隐藏节点的低维激活值。这些隐藏层节点的激活值会合并在一起以生成输出层 r, 后者相当于输入像素的近似值。理想情况下, 与输入层节点相比, 隐藏层的节点数量通常较少。因此, 它们不得不以这种方式减少信息量, 使得网络仍能产生输出层。

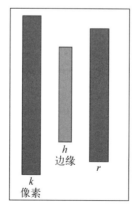

图 6-2 自动编码器如何从输入像素的近似值中学习输出结构

将输入的结构复制到输出听起来可能没什么用, 但自动编码器的最终结果实际上并不完全取决于解码器的输出。相反, 训练自动编码器背后的主要思想是复制输入任务中的有用属性, 而它们将体现在隐藏层中。

从自动编码器中提取有用特征或信息的一种常用方法是限制隐藏层 h 的维数 d'，使其低于输入 k 的维数，也就是 $d'<d$。因此，得到的较小维数层可以称为输入 k 的有损压缩表征。隐藏层维数小于输入维数的自动编码器称为**欠完备**（undercomplete）自动编码器。

上述学习过程在数学上可以表示为最小化损失函数 L，具体如下所示：

$$L(k, g(f(k)))$$

简而言之，L 可以定义为惩罚 $g(f(k))$ 与 k 的差异的损失函数。

通过线性解码器函数，自动编码器能够学习构成空间的基，这与**主成分分析**（principal component analysis，PCA）过程相似。在收敛时，隐藏层会形成空间的基，该空间跨越了作为输入的训练数据集的主子空间。但是与主成分分析不同，这个过程不一定非要产生正交向量。因此，具有非线性编码器函数 f 和非线性解码器函数 g 的自动编码器函数，可以学到比主成分分析更强大的非线性泛化能力。这最终会在很大程度上提升编码器和解码器的容量。然而，随着容量的增加，自动编码器开始显示出一些多余的行为[1]。

它可以学习复制整个输入过程，而无需关注提取所需的信息。从理论上来说，自动编码器可以是一维编码，但实际上，强大的非线性编码器可以用编码 i 来学习表征每个训练样例 $k(i)$。接下来，解码器将这些整数（i）映射到具体训练样例的值。因此，使用具有更大容量的自动编码器，却仅复制输入数据集中那些有用的特征是彻底失败的。

 主成分分析是一种统计方法，它可以用正交变换将一组可能相关的观测变量转换为一组称为主成分的线性相关变量。主成分分析方法中的主成分数量小于等于原始输入变量的数量。

类似于欠完备自动编码器（其中隐藏层的维数小于输入的维数）的极端情况问题，自动编码器（隐藏层或编码的维数可以与输入相同）通常面临相同的问题。

隐藏层维数大于输入维数的自动编码器称为**过完备**（overcomplete）自动编码器。这类自动编码器更容易受到上述问题的影响。即使是线性编码器和解码器，也可以在不学习输入数据集所需属性的情况下，学习输入到输出的映射关系。

正则化自动编码器

恰当选择隐藏层维数，并根据模型分布的复杂性确定编码器和解码器的容量，我们可以成功构建任意一种架构的自动编码器。具有这种功能的自动编码器称为**正则化自动编码器**。

除了能够将输入复制到输出，正则化自动编码器还有一个损失函数，该函数能够帮助模型获

---

① 执行复制任务。——译者注

得其他属性，包括对缺失输入具有鲁棒性、数据表征的稀疏性、表征的导数较小等。不考虑模型容量的条件下，哪怕是非线性的**过完备**正则化自动编码器，也至少能够学习关于数据分布的一些知识。借助重构误差和正则化项此消彼长的过程，正则化自动编码器[131]可以捕捉到训练数据分布的结构。

6.2　稀疏自动编码器

分布式稀疏表征是深度学习算法中学习有用特征的关键之一。它不仅是数据表征的一种连续模式，而且还有助于捕获大多数真实数据集的生成过程。在本节中，我们将解释自动编码器如何支持数据稀疏性，还将介绍稀疏编码。当输入使神经网络中少量的节点（它们共同以稀疏的方式来表示神经网络）激活时，我们称编码为稀疏的。在深度学习技术中，相似的约束条件用于生成稀疏编码模型以实现正则化自动编码器，而它们是用称为"稀疏自动编码器"的稀疏常数进行训练的。

6.2.1　稀疏编码

稀疏编码是一种无监督方法，它可以学习**过完备**基的集合，并以一种连续且有效的方式来表示数据。稀疏编码的主要目的是确定一组向量$(n)v_i$，使得输入向量k可以表示为这些向量的线性组合。

从数学上来说，具体表示如下所示：

$$k = \sum_{i=1}^{n} a_i v_i$$

其中a_i是每个向量v_i所对应的相关系数。

借助主成分分析，我们能够以一种连续的方式来学习基向量的一个完备集合。但是，我们想要学习基向量的一个**过完备**集合，以表示输入向量$k \in R^m$，其中$n>m$。想要得到**过完备**基的原因是，这些基向量通常可以捕捉到输入数据内在的模式和结构。但是过完备性有时会造成退步，这是因为基向量的相关系数a_i不能唯一地识别输入向量k。因此，稀疏编码中又引入了名为**稀疏性**的标准。

简单来说，稀疏性可以定义为具有很少的非零分量或者说具有很少的不接近于零的分量。对于给定的输入向量，如果非零系数的数量或者与零显著不同的系数的数量应该很少，那么相关系数a_i的集合就是稀疏的。

基本理解稀疏编码后，我们可以进入下一节，探索稀疏编码的概念是如何用于自动编码器来生成稀疏自动编码器的。

6

6.2.2　稀疏自动编码器

当输入数据集维持某个结构且输入特征是相关的时，即使是简单的自动编码器算法，也能够发现这些相关性。此外，在这种情况下，简单的自动编码器将最终学习类似于主成分分析的一种低维表征。

这种观点基于隐藏层数量相对较少这一事实。然而，通过对网络施加其他约束，即使具有大量隐藏层，网络仍然可以从输入向量中发现期望的特征。

稀疏编码器通常用来学习特征以执行分类这样的任务。添加了稀疏性约束的自动编码器，必须响应其正在训练的输入数据集的独有统计特征，而不是简单地将自己作为恒等函数。

稀疏自动编码器具有稀疏执行器，后者有助于指导单层网络学习隐藏层编码。这种方法将使得重构误差最小化，同时限制重构输出所需要的编码数量。这种稀疏性算法可以看作一个分类问题，该问题将输入限制为单个类值，这有助于减小预测误差。

下面阐释具有简单架构的稀疏编码器。图 6-3 展示了稀疏自动编码器的最简形式，该稀疏编码器由单个隐藏层 h 组成。隐藏层 h 通过权值矩阵 W 连接到输入向量 K，这就是编码步骤。在解码步骤中，隐藏层 h 在权值矩阵 W^T 的帮助下输出到重组向量 K'。在网络中，激活函数表示为 f，偏置项表示为 b。激活函数可以是任意形式，如线性、sigmoid 函数或者 ReLU。

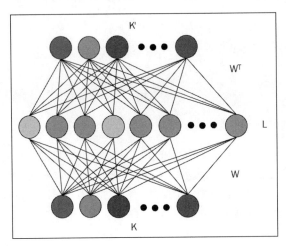

图 6-3　稀疏自动编码器的典型示例

计算隐藏编码 l 的稀疏表征的等式如下所示：

$$l = f(WK + b)$$

重建后的输出是关于隐藏层的表示式，它采用以下方式线性地映射到输出：

$$K' = f(W^T l + b')$$

模型通过反向传播对重建误差进行学习。对所有的参数进行优化以最小化均方误差，如下所示：

$$\min \|k' - k\|_2^2$$

现在有了网络配置，我们可以添加稀疏组件，从而将向量 L 转为稀疏表征。我们将使用 k-稀疏自动编码器来实现层的稀疏表征。（注意，不要将 k-稀疏表征中的 k 和输入向量 K 搞混了。我们采用了小写 k 和大写 K 以示区分。）

k-稀疏自动编码器

k-稀疏自动编码器[132]基于带有权值和线性激活函数的自动编码器，其基本思想非常简单。在自动编码器的前馈阶段，一旦我们计算隐藏编码 $l = WK + b$，而不是重建所有隐藏单元的输入，那么该方法就会搜索 k 个最大隐藏单元，并将剩余的隐藏单元的值设置为零。

确定 k 个最大隐藏单元的方法有多种。通过对隐藏单元的激活值进行排序，或者使用 ReLU，可以调整带有阈值的隐藏单元，直到确定 k 个最大激活值。找到 k 个最大激活值的选择步骤是非线性的。选择步骤就像一个正则化项，有助于在重建输入来构建输出的同时，避免使用大量隐藏单元。

● **如何选择稀疏性等级 k**

如果执行一个低稀疏性等级（如 $k=10$），那么可能会在训练 k-稀疏自动编码器时出现问题。一个常见的问题是，在前几次迭代中，算法会积极地开始将各个隐藏单元分配给训练样例组。这种现象可以与 k-means 聚类方法进行比较。在连续迭代的过程中，这些隐藏单元将被选择和重新分配，但其他隐藏单元不会进行调整。

适当调节稀疏性等级可以解决此问题。假设我们的目标是稀疏性水平为 10。这种情况下，我们可以从较大的稀疏性等级开始，如 $k=100$ 或 $k=200$。因此，k-稀疏自动编码器可以训练存在的所有隐藏单元。逐渐地，迭代过半后，我们可以将稀疏性等级（$k=100$）线性地降低到 $k=10$。这大大增加了所有隐藏单元都被选上的机会。接下来，在迭代的后半段，维持 $k=10$。这种调度将保证即使在低稀疏性等级很低的情况下，所有的过滤器都将被训练。

● **稀疏性等级的效果**

在设计或实现 k-稀疏自动编码器时，k 值的选择十分关键。k 值决定了期望的稀疏性等级，这有助于让该算法成为各种数据集的理想选择。例如，某个应用可以用于预训练某个深度判别性网络或者某个浅层网络。

如果采用一个大的 k 值（例如在 MNIST 数据集上使用 $k=200$），则该算法会非常倾向于识别和学习数据集的局部特征。这些特征有时表现得太不成熟,因而无法用于浅层架构的分类问题上。浅层架构通常有一个朴素线性分类器,该分类器的架构强度不足,无法合并所有的特征并取得较高的分类正确率。但是,类似的局部特征非常适用于对深度神经网络进行预训练。

如果采用低一点的稀疏性等级(例如在 MNIST 数据集上使用 $k=10$),则使用少量隐藏单元从输入重建输出。这会最终导致从数据集中检测全局特征,而不是像先前情况那样的局部特征。这些较少的局部特征适用于浅层架构的分类任务。相反,这些情况对于深度神经网络来说并不理想。

6.3　深度自动编码器

到目前为止,我们仅仅讨论了简单自动编码器的单层编码器和单层解码器。但是,带有多个编码器和解码器的深度自动编码器具有更多优点。

前馈网络在层次深时表现得更好。自动编码器基本上就是前馈网络,因此具有基础前馈网络的所有优点。编码器和解码器都是自动编码器,也像前馈网络一样工作。所以,我们也可以在这些组件中利用前馈神经网络深度的优势。

这里,我们还可以讨论一下万能逼近定理,它确保了至少有一个隐藏层且有足够隐藏单元的前馈神经网络,能够以任意精确度生成任意函数的近似值。遵循这个概念,至少有一个隐藏层且包含足够多的隐藏单元的深度自动编码器,能很好地近似表示任意从输入到编码的映射。

我们可以使用双层网络以任意精度逼近任意连续函数。在人工神经网络的数学理论中,万能逼近函数表明,如果前馈网络至少具有一个拥有有限神经元的隐藏层,就可以逼近属于 R^n 的任意连续函数。

与浅层架构相比,深度自动编码器有许多优势。但过深的深度会抑制自动编码器的拟合能力(由于梯度消失等原因)。此外,自动编码器的深度大大减少了学习函数所需要的训练数据量。甚至实验已经发现,与浅层自动编码器相比,深度自动编码器的压缩效果更好。

为了训练深度自动编码器,通常的做法是训练一堆浅层自动编码器。因此,训练深度自动编码器经常需要用到浅层自动编码器栈。下面将深入探讨深度自动编码器的概念。

6.3.1　训练深度自动编码器

这里介绍的深度自动编码器的设计基于 MNIST 手写数字数据库。参考文献[133]介绍了构建和训练深度自动编码器的步骤。训练深度自动编码器基本分三步,即预训练、展开和微调。

(1)预训练:训练深度自动编码器的第一步是"预训练"。该阶段的主要目的是处理二进制数据,将其归纳为实值数据,并断定其很适合各种数据集。

我们已经充分了解，单层隐藏单元不是对海量图像进行建模的正确方式。深度自动编码器由多层受限玻尔兹曼机组成。我们在第 5 章中详细介绍了受限玻尔兹曼机的工作原理。基于这些概念，我们可以开始构建深度自动编码器的结构。

当受限玻尔兹曼机的第一层受数据流驱动时，该层开始学习特征检测器。这层的学习结果可以作为下一层学习的输入数据。通过这种方式，第一层的特征检测器成为学习受限玻尔兹曼机下一层的可见单元。这种逐层学习可以按需迭代多次。该步骤在预训练深度自动编码器的权值方面确实非常有效。在每一层捕获的特征在下面的隐藏单元的激活值之间具有一连串高阶相关性。图 6-4 呈现了该阶段的流程图。为了处理基准数据集 MNIST，深度自动编码器会在每个受限玻尔兹曼机后使用二元变换。为了处理实值数据，深度自动编码器会在每个受限玻尔兹曼机层后使用高斯整流变换。

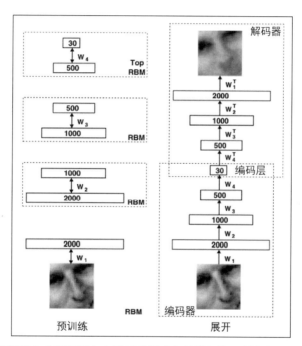

图 6-4　预训练深度自动编码器包含学习受限玻尔兹曼机栈，其中每个受限玻尔兹曼机都拥有一层特征检测器。将一个受限玻尔兹曼机的学习特征作为"输入数据"来训练栈中的下一个受限玻尔兹曼机。预训练阶段后，所有的受限玻尔兹曼机展开来构建一个深度自动编码器。接着使用误差导数的反向传播方法对该深度自动编码器进行微调

(2) 展开：一旦深度自动编码器的多层特征检测器完成预训练，整个模型就会展开以生成编码器和解码器网络，它们起初使用相同的权值。我们将分别解释图像中第二部分给出的每个部分的每个设计，以便更好地理解这一阶段。

❑ **编码器**：针对 28×28 像素图像的 MNIST 数据集，网络得到的输入将是 784 像素。根据经验法则，深度自动编码器的第一层的参数数量应该稍多一些。如图 6-4 所示，网络的第一层采用了 2000 个参数。这听起来可能不太合理，因为输入更多的参数会增加网络过拟合的可能性。但在这种情况下，增加参数的数量将最终增加输入的特征，进而使得自动编码器数据的解码成为可能。

如图 6-4 所示，各层将分别是 2000、1000、500 和 30 个节点宽。图 6-5 简略地描述了这种情况。最后，编码器会生成一个 30 个数字长的向量。该向量是深度自动编码器中编码器的最后一层。该编码器大致如下所示：

$$784(\text{输入}) \to 2000 \to 1000 \to 500 \to 30$$

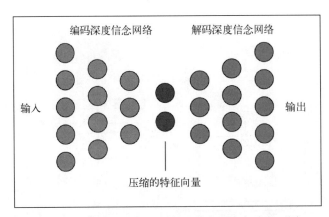

图 6-5　编码器和解码器的数量或向量在各阶段不同

❑ **解码器**：在编码阶段结束时发现的长达 30 个数字的向量是 28×28 像素图像的编码版本。深度自动编码器的第二部分是解码器阶段，该阶段基本上是学习如何解码已编码的向量。因此，编码器阶段的输出（长达 30 个数字的向量）成为解码器阶段的输入。这一半深度自动编码器是前馈网络，其中每一层后的已编码向量向前传播至重建的输入。图 6-4 中的各层分别为 30、500、1000 和 2000 个节点宽。这些层最初具有相同的权值以作为预训练网络的对应部分；只是权值被转置了，如图所示。该解码器大致如下所示：

$$784(\text{输出}) \leftarrow 2000 \leftarrow 1000 \leftarrow 500 \leftarrow 30$$

因此，深度自动编码器的解码部分的主要目的是学习如何重构图像。这个操作是在第二个前馈网络中执行的，该网络也会在重建熵的过程中执行反向传播。

(3) **微调**：在微调阶段，随机活动由确定性的实值概率所取代。采用反向传播方法，对整个深度自动编码器的每层相关联的权值进行微调，以实现最佳重建。

6.3.2 使用 Deeplearning4j 实现深度自动编码器

你现在已经充分了解了如何使用一些受限玻尔兹曼机来构建深度自动编码器。本节将解释如何使用 Deeplearning4j 来设计深度自动编码器。

我们将使用前文提到的 MNIST 数据集，并使深度自动编码器的设计与我们之前提到的类似。

正如前面的示例说明的那样，使用了原始 MNIST 数据集中大小为 1024 个样本的批量，这可以分为 N 个 Hadoop 块。这 N 个块会在 HDFS 上并行地由每个工作者进行处理。实现深度自动编码器的代码流程是简单而直观的。

具体步骤如下所示。

(1) 在 HDFS 中批量加载 MNIST 数据集。每个批量将包含 1024 个样本。
(2) 开始构建模型。
(3) 执行编码操作。
(4) 执行解码操作。
(5) 通过调用 `fit()` 方法来训练模型。

```
final int numRows = 28;
```

初始化所需的配置，以设置 Hadoop 环境。将 `batchsize` 设定为 1024。

```
final int numColumns = 28;
int seed = 123;
int numSamples = MnistDataFetcher.NUM_EXAMPLES;
int batchSize = 1024;
int iterations = 1;
int listenerFreq = iterations/5;
```

将数据加载到 HDFS：

```
log.info("Load data....");
DataSetIterator iter = new
MnistDataSetIterator(batchSize,numSamples,true);
```

现在已准备好构建模型，通过添加受限玻尔兹曼机的层数来构建深度自动编码器：

```
log.info("Build model....");
MultiLayerConfiguration conf = new NeuralNetConfiguration.Builder()
  .seed(seed)
  .iterations(iterations)
  .optimizationAlgo(OptimizationAlgorithm.LINE_GRADIENT_DESCENT)
```

要想创建具有指定层数（这里是 8）的 ListBuilder 对象，需要调用 `.list()` 方法：

```
.list(8)
```

下一步是构建模型的编码阶段。这可以通过随后将受限玻尔兹曼机添加到模型中来完成。编码阶段有四层受限玻尔兹曼机，其中每一层相应有 2000、1000、500 和 30 个节点：

```
.layer(0, new RBM.Builder().nIn(numRows *
numColumns).nOut(2000).lossFunction(LossFunctions.LossFunction
.RMSE_XENT).build())
.layer(1, new RBM.Builder().nIn(2000).nOut(1000)
.lossFunction(LossFunctions.LossFunction.RMSE_XENT).build())
.layer(2, new RBM.Builder().nIn(1000).nOut(500)
.lossFunction(LossFunctions.LossFunction.RMSE_XENT).build())
.layer(3, new RBM.Builder().nIn(500).nOut(30)
.lossFunction(LossFunctions.LossFunction.RMSE_XENT).build())
```

编码器后的下一个阶段是解码器阶段，这里我们按照之前的方式再使用四个受限玻尔兹曼机：

```
.layer(4, new RBM.Builder().nIn(30).nOut(500)
.lossFunction(LossFunctions.LossFunction.RMSE_XENT).build())
.layer(5, new RBM.Builder().nIn(500).nOut(1000)
.lossFunction(LossFunctions.LossFunction.RMSE_XENT).build())
.layer(6, new RBM.Builder().nIn(1000).nOut(2000)
.lossFunction(LossFunctions.LossFunction.RMSE_XENT).build())
.layer(7, new OutputLayer.Builder(LossFunctions.LossFunction.MSE)
.activation("sigmoid").nIn(2000).nOut(numRows*numColumns).build())
```

现在所有的内部中间层已经构建完成，我们可以通过调用 build() 方法来构建模型：

```
.pretrain(true).backprop(true)
.build();
```

该实现的最后阶段是训练深度自动编码器，为此可以调用 fit() 方法：

```
MultiLayerNetwork model = new MultiLayerNetwork(conf);
model.init();

model.setListeners(new ScoreIterationListener(listenerFreq));

log.info("Train model....");
while(iter.hasNext())
  {
   DataSet next = iter.next();
   model.fit(new DataSet(next.getFeatureMatrix(),next
   .getFeatureMatrix()));
  }
```

6.4　降噪自动编码器

通过输入重建输出并不总能确保得到期望的输出，有时只是简单地复制输入。为了防止这种情况出现，参考文献[134]中提出了一种不同的策略。在该文章提议的架构中，基于清理部分损坏的输入来构建重建的标准，不是在输入数据的表征中设置一些约束。

"良好的表征可以从一个损坏的输入中健壮地获得，并且可用于恢复相应的干净输入。"

降噪自动编码器是自动编码器的一种类型，它将损坏的数据作为输入，该模型被训练用来预测原始的、干净的和未被破坏的数据作为其输出。我们将在本节中介绍设计降噪自动编码器的基本思路。

6.4.1 降噪自动编码器的架构

降噪自动编码器背后的主要思路是引入一个损坏过程 $Q(k'|k)$，并从损坏的输入 k' 中重建输出 r。图 6-6 展示了降噪自动编码器的总体表征。在降噪自动编码器中，对于训练数据 k 的每一个微批量，相应的损坏输入 k' 应该用 $Q(k'|k)$ 生成。基于此，如果我们将初始输入视为损坏的输入 k'，则整个模型可以看作是基本编码器的一种形式。损坏的输入 k' 被映射以生成隐藏表征 h。

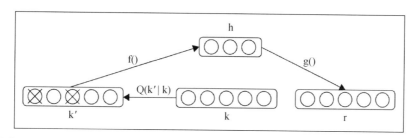

图 6-6　设计降噪自动编码器的步骤。原始输入是 k，从 k 推导出的损坏输入为 k'，最后的输出为 r

因此，我们得到如下表达式：

$$h = f(k') = Wk' + b$$

通过这个隐藏表征，可以由 $r = g(h)$ 推导出重建输出 r。降噪自动编码器重新组织数据，然后尝试学习重建输出的数据。数据的重新组织或者数据的混洗会产生噪声，而模型从噪声中学习特征，从而对输入进行分类。训练网络的过程中会产生一个模型，该模型通过一个损失函数来计算模型和基准之间的距离。这是为了将训练集中的平均重建误差最小化，从而使得输出 r 尽可能接近原始的未损坏输入 k。

6.4.2 堆叠式降噪自动编码器

构建堆叠式降噪自动编码器来初始化深度神经网络，类似于堆叠一些受限玻尔兹曼机来构建一个深度信念网络或传统深度自动编码器。只有每一层的初始降噪训练才需要生成损坏的输入，以帮助学习有用特征的提取。

一旦知道用于获取隐藏状态的编码函数 f，就能够用它将原始的、未损坏的数据传递至下一层。通常情况下，未损坏或未包含噪声的数据用于生成表征，它将作为未损失的输入，用于下一层的训练。堆叠式降噪自动编码器的关键功能是通过输入进行逐层无监督的预训练。一旦一层基于从前一层传递过来的输入进行预训练以执行特征选择和抽取，就可以遵循监督式微调的其他阶段，就像传统深度自动编码器那样。

图 6-7 详细展示了堆叠式降噪自动编码器的设计。降噪自动编码器的学习和多层堆叠的整个过程如下所示。

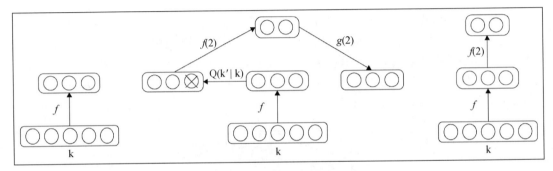

图 6-7   堆叠式降噪自动编码器

6.4.3   使用 Deeplearning4j 实现堆叠式降噪自动编码器

通过创建以自动编码器作为其隐藏层的 MultiLayerNetwork，可以使用 Deeplearning4j 来构建堆叠式降噪自动编码器。这种自动编码器有一些 corruptionLevel 设置，这表示为噪声。

这里我们设置模型所需要的初始配置。为了解释说明的目的，batchSize 设置为 1024 个样本。输入数和输出数分别为 1000 和 2。

```
int outputNum = 2;
int inputNum = 1000;
int iterations = 10;
int seed = 123;
int batchSize = 1024;
```

输入数据集的加载方式与 6.3 节中解释的方式相同。因此，我们直接介绍如何构建堆叠式降噪自动编码器。我们利用具有五个隐藏层的深度模型来说明该方法：

```
log.info ("Build model....");
MultiLayerConfiguration conf = new NeuralNetConfiguration.Builder ()
  .seed(seed)
  .gradientNormalization(GradientNormalization
.ClipElementWiseAbsoluteValue)
  .gradientNormalizationThreshold (1.0)
  .iterations(iterations)
```

```
.updater(Updater.NESTEROVS)
.momentum(0.5)
.momentumAfter(Collections.singletonMap(3, 0.9))
.optimizationAlgo(OptimizationAlgorithm.CONJUGATE_GRADIENT)
.list()
.layer(0, new AutoEncoder.Builder()
  .nIn(inputNum)
  .nOut(500)
  .weightInit(WeightInit.XAVIER).lossFunction(LossFunction.RMSE_XENT)
```

以下代码表示多少输入数据将会损坏：

```
  .corruptionLevel (0.3)
  .build())
.layer(1, new AutoEncoder.Builder()
  .nIn(500)
  .nOut(250)
  .weightInit(WeightInit.XAVIER).lossFunction
  (LossFunction.RMSE_XENT)
  .corruptionLevel(0.3)
  .build())
.layer(2, new AutoEncoder.Builder()
  .nIn(250)
  .nOut(125)
  .weightInit(WeightInit.XAVIER).lossFunction
  (LossFunction.RMSE_XENT)
  .corruptionLevel(0.3)
  .build())
.layer(3, new AutoEncoder.Builder()
  .nIn(125)
  .nOut(50)
  .weightInit(WeightInit.XAVIER).lossFunction
  (LossFunction.RMSE_XENT)
  .corruptionLevel(0.3)
  .build())
.layer(4, new OutputLayer.Builder
(LossFunction.NEGATIVELOGLIKELIHOOD)
  .activation("softmax")
  .nIn(75)
  .nOut(outputNum)
  .build())
.pretrain(true)
.backprop(false)
.build();
```

一旦模型构建完成，可以通过调用 fit() 方法来进行训练。

```
try {
    model.fit(iter);
   }
catch(Exception ex)
   {
    ex.printStackTrace();
   }
```

6

6.5   自动编码器的应用

因为可以在许多用例中成功应用，所以自动编码器在深度学习的世界中大受欢迎。本节将讨论自动编码器的重要应用和使用场景。

- ❑ **降维**：如果你还记得，我们早在第 1 章中就介绍了"维度诅咒"的概念。降维是深度学习的主要应用之一。自动编码器的研究初衷就是为了克服维度诅咒这一问题。通过本章，我们已经清楚深度自动编码器如何操作更高维的数据以降低最终输出的维数。
- ❑ **信息检索**：深度自动编码器的另一个重要应用是信息检索。信息检索基本上意味着在数据库中通过输入查询来搜索匹配的条目。搜索高维数据通常是一项繁琐的工作，然而随着数据集的维数降低，在某些类型的较低维数据中搜索可能会变得非常高效。事实上，自动编码器的降维能力可以生成低维和二进制编码。这些编码可以键值形式存储在数据结构中，其中键是二进制编码向量，值是相应的条目。通过返回匹配查询二进制编码的所有数据库条目，这样的键值存储可以帮助我们执行信息检索。通过降维和二进制编码来检索信息的这种方法称为语义散列[135]。
- ❑ **图像搜索**：正如在 6.3 节中所说的那样，深度自动编码器可以将高维的图像数据集压缩成非常小的向量集合，如 30 维。因此，这使得高维图像的搜索变得更加容易。一旦图像被上传，搜索引擎就会将其压缩为很小的向量，并将该向量与其索引中的所有其他对象进行比较。搜索查询将返回包含相似数字的向量并将其转换为映射图像。

6.6   小结

本章讨论了自动编码器，它是最受欢迎和广泛应用的生成模型之一。自动编码器基本上有两个阶段：一个是编码器阶段，另一个是解码器阶段。本章通过适当的数学解释阐述了这两个阶段。接着介绍了一种特殊的自动编码器——稀疏自动编码器。通过解释深度自动编码器，还探讨了自动编码器如何应用在深度神经网络中。深度自动编码器由多层受限玻尔兹曼机组成，后者参与了网络的编码器和解码器阶段。我们阐释了如何使用 Deeplearning4j 将输入数据集的块加载到 HDFS 中，来部署深度自动编码器。随后介绍了最流行的自动编码器形式，即降噪自动编码器，及其深度网络版本——堆叠式降噪自动编码器。此外还展示了如何使用 Deeplearning4j 实现堆叠式降噪自动编码器。最后概述了自动编码器的常见应用。

下一章将借助 Hadoop 讨论深度学习的一些常见应用。

第 7 章

用 Hadoop 玩转深度学习

"蛮荒时期的人们用公牛拉动重物，当公牛拉不动时，他们不会尝试培育更大的公牛。我们也不应该尝试使用更强的计算机，而应该使用更多的计算机系统。"

——Grace Hopper

到目前为止，本书讨论了各种深度神经网络模型及其在分布式环境中的概念、应用和实现，还解释了集中式计算机难以使用这些模型存储和处理大量数据，并从中提取信息的原因。Hadoop 已经用于克服大数据带来的各种限制。

现在已经来到本书的最后一章，我们将主要讨论三种最常见的机器学习应用的设计。我们将使用 Hadoop 框架来解释大规模视频处理、大规模图像处理和自然语言处理的常用概念。

本章的主要内容如下：

❑ 使用 Hadoop 进行大规模分布式视频处理
❑ 使用 Hadoop 进行大规模图像处理
❑ 使用 Hadoop 进行自然语言处理

数字世界中的大量视频在如今生成的大数据中占最大比重。第 2 章中讨论了数百万个视频被上传到各种社交媒体网站，如 YouTube 和 Facebook。除此之外，出于安全目的而安装在各商场、机场或政府机构中的监控摄像头每天都会产生大量视频。因为大多数视频会消耗巨大的存储空间，所以它们通常会被压缩存储。在大多数企业中，监控摄像头全天候运行并存储重要视频，以备将来调查之用。

这些视频包含需要进行快速处理和提取的潜在"热点数据"或信息。因此，处理和分析这些大规模视频已经成为数据爱好者优先考虑的事情之一。此外，许多不同的研究领域（如生物医学工程、地质学和教育研究领域）都需要处理大规模视频，使其可在不同的位置进行详细分析。

本章将研究如何使用 Hadoop 框架处理大规模视频数据集。大规模视频处理的主要挑战是将视频从压缩格式转为非压缩格式。为此，我们需要一个分布式视频转码器，它会将视频写入 HDFS，并行解码比特流块，并生成一个序列文件。

当在 HDFS 中处理一个输入数据块时，每个 mapper 进程分别处理每一批数据。然而，当大规模视频数据集被分割成多个预定义大小的块时，每个 mapper 进程应该分别处理比特流的每个块。为了对数据进行后续分析，mapper 进程将支持对解码后的视频帧的访问。接下来将讨论如何将包含视频比特流的 HDFS 的每个块，转换成要处理的图像集，以用于进一步的分析。

7.1 Hadoop 中的分布式视频解码

大多数流行的视频压缩格式（如 MPEG-2 和 MPEG-4）都遵循比特流中的分层结构。本节假设视频所使用的压缩格式具有比特流的分层结构。出于简洁的目的，我们将解码任务分成两个不同的 Map-Reduce 作业。

(1) **提取视频序列级别信息**：从一开始，很容易预测，所有视频数据集的标题信息可以在数据集的第一个块中找到。在这个阶段中，Map-Reduce 作业的目的是从视频数据集的第一个数据块中收集序列级别信息，并将结果存为 HDFS 中的一个文本文件。设置解码器对象的格式时需要这些序列标题信息。

对于视频文件，应该使用它自己的记录读取器来实现一个新的 `FileInputFormat`。接着，每个记录读取器将以这种格式提供一个`<key, value>`对给每个 map 进程：`<LongWritable, BytesWritable>`。输入的 `key` 表示文件内的字节偏移量；与 `BytesWritable` 对应的值是一个字节数组，包含了整个数据块的视频比特流。

对于每个 map 进程，将键值与 0 进行比较，以识别它是否是视频文件的第一个块。一旦识别出第一个块，则可根据其比特流来确定序列级别信息。然后将该信息转储为.txt 文件并写入 HDFS。我们将.txt 文件的名称指定为 input_filename_sequence_level_header_information.txt。因为仅有 map 进程就可以提供所需要的输出，所以该方法的 reducer 个数设置为 0。

假设文本文件具有以下数据：

Deep Learning

with Hadoop

现在第一行的偏移量为 0，Hadoop 作业的输入将为`<0, Deep Learning>`，且第二行的偏移量将为`<14, with Hadoop>`。

每当文本文件传递给 Hadoop 作业时，它都会在内部计算字节偏移量。

(2) **解码并将视频块转换为序列文件**：Map-Reduce 作业的目的是对视频数据集的每个块进行解码，并生成相应的序列文件。序列文件将包含 JPEG 格式的每个数据块的解码视频帧。`InputFileFormat` 文件和记录读取器应与第一个 Map-Reduce 作业保持一致。因此，mapper 输入的`<key, value>`对是`<LongWritable, BytesWritable>`。

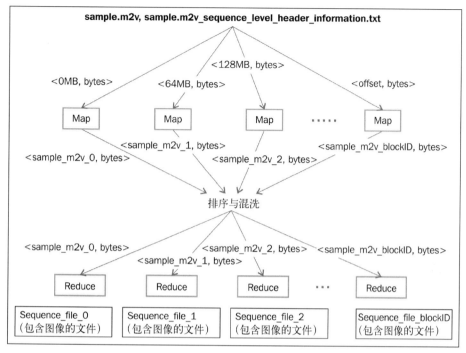

图 7-1 Hadoop 视频解码的整个流程

□ 在第二阶段中，第一个作业的输出视为第二个 Map-Reduce 作业的输入。因此，该作业的每个 mapper 将读取 HDFS 中的序列信息文件，并将该信息与作为 `BytesWritable` 输入的比特流缓冲区数据一起传递。

□ map 进程可将解码后的视频帧转换为 JPEG 图像，并生成一个`<key, value>`对作为 map 进程的输出。map 进程这个输出的键将输入视频文件名和块序号编码为`video_filename_block_number`。与此键对应的输出值为 `BytesWritable`，它用于存储解码视频块的 JPEG 比特流。

□ 接着 reducer 将数据块作为输入，并将解码后的帧写入包含 JPEG 图像的序列文件中，以便进一步处理。图 7-1 概述了整个过程。我们使用了输入视频 sample.m2v 来进行说明。此外，本章还将讨论如何使用 HDFS 处理大型图像文件（序列文件）。

mapper 输入的`<key, value>`: `<LongWritable, BytesWritable>`

例如：`<17308965, BytesWritable>`

mapper 输出的`<key, value>`: `<Text, BytesWritable>`

例如：`<sample.m2v_3, BytesWritable>`

7

7.2　使用 Hadoop 进行大规模图像处理

前几章已经提到了图像的大小和数量在日益增长；集中式计算机难以满足存储和处理大量图像的需求。我们通过一个示例来说明这种情况。假设有一个尺寸为 81 025 像素×86 273 像素的大型图像。每个像素由三个值组成：红色、绿色和蓝色。为了存储每一个值，需要一个 32 位精度浮点数。因此，该图像的总内存消耗如下所示：

$$86273×81025×3×32 \text{ 比特} = 78.12 \text{ GB}$$

且不考虑对这幅图像进行任何处理，显然，传统计算机甚至连将这些数据存储到内存中都做不到。虽然一些先进的计算机具有更高的配置，但鉴于投资回报率，大多数公司并不会选择这些昂贵且维护成本较高的计算机。因此，正确的解决方案应该是在商用硬件上运行这些图像，以便将图像存储在其内存中。本节将解释如何使用 Hadoop 以分布式方式处理大量图像。

Map-Reduce 作业的应用

本节将讨论如何使用 Hadoop 的 Map-Reduce 作业处理大型图像文件。开始作业前，将需要处理的所有输入图像都加载到 HDFS。在计算期间，客户端向 NameNode 发送一个作业请求。NameNode 从客户端收集该请求，并搜索其元数据映射，然后将文件系统的数据块信息以及数据块的位置发回客户端。一旦获取块的元数据，客户端将自动访问所请求数据块所在的 DataNode，然后通过合适的命令处理此数据。

用于大规模图像处理的 Map-Reduce 作业主要负责控制整个任务。这里我们将解释可执行 shell 脚本文件的概念，该文件负责从 HDFS 中收集可执行文件的输入数据。

使用 Map-Reduce 编程模型的最佳方式是设计自己的 Hadoop 数据类型，以便直接处理大量图像文件。该系统将使用 Hadoop Streaming 技术，帮助用户创建和运行特殊类型的 Map-Reduce 作业。这些特殊类型的作业可以通过前面提到的可执行文件来执行，该文件可视作 mapper 或 reducer。该程序的 mapper 实现将使用一个 shell 脚本来执行必要的操作。shell 脚本负责调用图像处理的可执行文件。将图像文件的列表作为这些可执行文件的输入，以便进行进一步处理。处理或输出的结果将写回 HDFS。

因此，输入的图像文件应该先写入 HDFS，然后在 Hadoop Streaming 输入的特定目录中生成文件列表。该目录将存储文件列表的集合。文件列表的每一行包含将要处理的图像文件的 HDFS 地址。mapper 的输入将是一个 `Inputsplit` 类，它是一个文本文件。shell 脚本管理器逐行读取文件，并从元数据中检索图像，接着调用图像处理可执行文件进一步处理图像，并将结果写回 HDFS。因此，mapper 的输出是最终的期望结果。因此，mapper 执行所有作业：从 HDFS 检索图像文件并进行处理，接着将其写回 HDFS。此过程中的 reducer 数可以设置为 0。

通过二进制图像处理方法，使用 Hadoop 来处理大量的图像是比较简单的。还可以部署其他复杂的图像处理方法来处理大规模图像数据集。

7.3　使用 Hadoop 进行自然语言处理

网络信息的指数级增长加大了大规模非结构化自然语言文本资源的扩散强度。因此，在过去几年中，人们对提取、处理和分享这些信息的兴趣大大增加。在一定时间内处理各种来源的知识已经成为各种研究和商业行业的一大挑战。本节将描述爬取 Web 文档、发现信息并使用 Hadoop 以分布式方式进行自然语言处理的过程。

为了设计**自然语言处理**（natural language processing，NLP）的架构，需要执行的第一个任务是从大规模非结构化数据中提取注释的关键词和关键短语。为了在分布式架构上执行自然语言处理，可以选择 Apache Hadoop 框架来实现高效的、可扩展的解决方案，并改进故障处理和确保数据完整性。设置一个大型 Web 爬虫从 Web 中提取所有非结构化数据，并将其写入 HDFS，以做进一步处理。可以使用开源的 GATE 应用来执行特定的自然语言处理任务，如参考文献[136]所示。分布式自然语言处理架构的初步设计如图 7-2 所示。

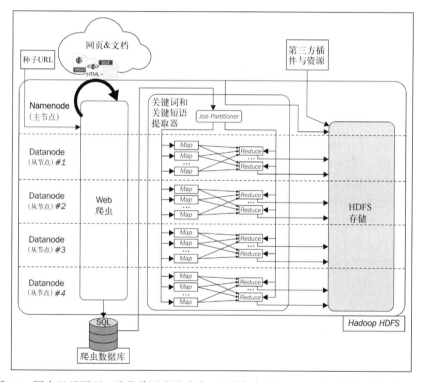

图 7-2　图中显示了下一阶段将要爬取内容，以及如何在 Hadoop 中进行自然语言处理。下一个阶段是获取 URL 的页面内容并保存在磁盘中。该操作将分段完成，每一段都将包含一些预定义数量的 URL。该操作将在不同的 DataNode 上并行运行。该阶段的最终结果存储在 HDFS 中。在下一阶段中，关键词提取器将在这些保存的页面内容上工作

7

在多个节点间运行的 Map-Reduce 可用于分发 Web 爬虫的工作。同时，也可以使用 Map-Reduce 执行自然语言处理任务和输出最终结果。整个架构将取决于两个输入文件：爬取存储在 seed_urls.txt 文件中的特定网页的 `seedurls`；自然语言处理应用的路径位置（如安装 GATE 的位置）。Web 爬虫将从.txt 文件中获取 `seedurls`，且并行地运行爬虫。提取插件在爬取的网页上异步地搜索关键词和关键短语，并与爬取的网页独立执行。最后，专用程序根据要求将提取的关键词和关键短语存储在外部 SQL 数据库或 NoSQL 数据库（如 Elasticsearch）中。以下小节描述了架构中提到的所有这些模块。

7.3.1　Web 爬虫

因为 Web 爬虫超出了本书探讨的范围，所以本节不会对其进行深入解释。Web 爬取有几个不同的阶段。第一阶段是 URL 发现阶段，进程将每个种子 URL 作为 seed_urls.txt 文件的输入，并通过分页 URL 导航来发现相关的 URL。该阶段定义了下一阶段需要获取的一组 URL。

下一个阶段是获取 URL 的页面内容并保存在磁盘中。这些操作将分段完成，每一段都将包含预定义数量的 URL。该操作将在不同的 DataNode 上并行地运行。该阶段的最终结果存储在 HDFS 中。在下一阶段中，关键词提取器将在这些保存的页面内容上工作。

7.3.2　自然语言处理的关键词提取和模块

针对每个 URL 的页面内容，都会创建一个**文档对象模型**（Document Object Model，DOM）并存储在 HDFS 中。在 DOM 中，文档具有树型的逻辑结构。可以基于 DOM 编写 xpath，以在自然语言处理阶段收集必需的关键词和短语。在这个模块中，定义 Map-Reduce 作业来执行下一阶段的自然语言处理应用程序。map 函数 `<key, value>` 对的键是 URL，值是 URL 相应的 DOM。reduce 函数将执行自然语言处理的配置和执行。从 Web 域级别提取的关键词和短语在 `reduce` 方法中进行后续估计。为此，我们可以编写一个自定义插件来生成规则文件，以执行各种字符串操作，并过滤掉提取的文本中不需要的噪声字词。根据用例，规则文件可以是 JSON 文件或任何其他易于加载和解释的文件。最好是从文本中将常用名词和形容词标识为常用关键词。

7.3.3　从页面评估相关关键词

一篇论文[136]提出了一种从 Web 文档中找到相关关键词和关键短语的重要方法。他们提出了**词频率–逆文档频率**（Term Frequency-Inverse Document Frequency，TF-IDF）度量，以评估来自整个语料库的相关信息，该语料库由属于单个 Web 域的所有文档和页面组成。计算 TF-IDF 的值，并为其设置一个阈值以丢弃其他关键词，这种方法能够从语料库中生成最相关的单词。换句话说，它丢弃在文本中出现频率可能很高，但通常不具有任何意义的冠词和连词。TF-IDF 度量基本上是 TF 和 IDF 这两个函数的乘积。

TF 计算语料库中每个单词的频率，即该单词在语料库中出现了多少次。而 IDF 为平衡项，针对在整个语料库中出现频率较低的词，显示较高的值。

从数学上来说，文档 d（属于文档集合 D）中的关键词或关键短语 i 的 TF-IDF 度量由以下等式给出：

$$\left(\text{TF-IDF}\right)_i = \text{TF}_i \cdot \text{IDF}_i$$

其中 $\text{TF}_i = f_i / n_d$，$\text{IDF}_i = \log N_d / N_i$。

这里 f_i 是候选关键词或关键短语 i 在文档 d 中的出现频率，n_d 是文档 d 中的词语总数。在 IDF 中，N_D 表示语料库 D 中的文档总数，而 N_i 表示存在关键词或关键短语 i 的文档的数量。

我们应该基于用例来定义 TF-IDF 的通用频率阈值。对于关键词或关键短语 i 来说，如果 TF-IDF 的值高于阈值，则该关键词或关键短语将作为直接写入 HDFS 的最终字符。另一方面，如果 TF-IDF 的值小于阈值，则将该关键词从最终集合中删除。通过这种方式，所有期望的关键词最终都将写入 HDFS。

7.4 小结

本章讨论了最常见的机器学习应用，以及如何利用 Hadoop 框架实现它们。首先，通过一个大型视频集，展示了如何在 HDFS 中解码视频，然后转换成包含图像的序列文件以供后续处理。接着讨论了大规模图像处理。用于此目的的 mapper 有一个 shell 脚本，可以执行所有必需的任务。因此，执行此操作不需要 reducer。最后讨论了如何在 Hadoop 中部署自然语言处理模型。

7

参 考 文 献

[1] Hsu, F.-H. (2002). Behind Deep Blue: Building the Computer That Defeated the World Chess Champion. Princeton University Press, Princeton, NJ, USA.

[2] Geoffrey E. Hinton, Simon Osindero, and Yee-Whye Teh. 2006. A fast learning algorithm for deep belief nets. Neural Comput. 18, 7 (July 2006), 1527-1554.

[3] Bengio, Yoshua, et al. "Greedy layer-wise training of deep networks." Advances in neural information processing systems 19 (2007): 153.

[4] Krizhevsky, Alex, Ilya Sutskever, and Geoffrey E. Hinton. "Imagenet classification with deep convolutional neural networks." Advances in neural information processing systems. 2012.

[5] Machine Learning, Tom Mitchell, McGraw Hill, 1997.

[6] Machine Learning: A Probabilistic Perspective (Adaptive Computation and Machine Learning series), Kevin P. Murphy

[7] O. Chapelle, B. Scholkopf and A. Zien Eds., "Semi-Supervised Learning (Chapelle, O. et al., Eds.; 2006) [Book reviews]," in IEEE Transactions on Neural Networks, vol. 20, no. 3, pp. 542-542, March 2009.

[8] Y. Bengio. Learning deep architectures for AI. in Foundations and Trends in Machine Learning, 2(1):1–127, 2009.

[9] G. Dahl, D. Yu, L. Deng, and A. Acero. Context-dependent DBNHMMs in large vocabulary continuous speech recognition. In Proceedings of International Conference on Acoustics Speech and Signal Processing (ICASSP). 2011.

[10] A. Mohamed, G. Dahl, and G. Hinton. Acoustic modeling using deep belief networks. IEEE Transactions on Audio, Speech, & Language Processing, 20(1), January 2012.

[11] A. Mohamed, D. Yu, and L. Deng. Investigation of full-sequence training of deep belief networks for speech recognition. In Proceedings of Inter speech. 2010.

[12] Indyk, Piotr, and Rajeev Motwani. "Approximate nearest neighbors: towards removing the curse of dimensionality." Proceedings of the thirtieth annual ACM symposium on Theory of computing. ACM, 1998.

[13] Friedman, Jerome H. "On bias, variance, 0/1—loss, and the curse-of-dimensionality." Data mining and knowledge discovery 1.1 (1997): 55-77.

[14] Keogh, Eamonn, and Abdullah Mueen. "Curse of dimensionality." Encyclopedia of Machine Learning. Springer US, 2011. 257-258.

[15] Hughes, G.F. (January 1968). "On the mean accuracy of statistical pattern recognizers". IEEE Transactions on Information Theory. 14 (1): 55–63.

[16] Bengio, Yoshua, Patrice Simard, and Paolo Frasconi. "Learning long-term dependencies with gradient descent is difficult." IEEE transactions on neural networks 5.2 (1994): 157-166.

[17] Ivakhnenko, Alexey (1965). Cybernetic Predicting Devices. Kiev: Naukova Dumka.

[18] Ivakhnenko, Alexey (1971). "Polynomial theory of complex systems". IEEE Transactions on Systems, Man and Cybernetics (4): 364–378.

[19] X. Glorot and Y. Bengio. Understanding the difficulty of training deep feed-forward neural networks. In Proceedings of Artificial Intelligence and Statistics (AISTATS). 2010.

[20] G. Hinton and R. Salakhutdinov. Reducing the dimensionality of data with neural networks. Science, 313(5786):504–507, July 2006

[21] M. Ranzato, C. Poultney, S. Chopra, and Y. LeCun. Efficient learning of sparse representations with an energy-based model. In Proceedings of Neural Information Processing Systems (NIPS). 2006.

[22] I. Goodfellow, M. Mirza, A. Courville, and Y. Bengio. Multi-prediction deep boltzmann machines. In Proceedings of Neural Information Processing Systems (NIPS). 2013.

[23] R. Salakhutdinov and G. Hinton. Deep boltzmann machines. In Proceedings of Artificial Intelligence and Statistics (AISTATS). 2009.

[24] R. Salakhutdinov and G. Hinton. A better way to pretrain deep boltzmann machines. In Proceedings of Neural Information Processing Systems (NIPS). 2012.

[25] N. Srivastava and R. Salakhutdinov. Multimodal learning with deep boltzmann machines. In Proceedings of Neural Information Processing Systems (NIPS). 2012.

[26] H. Poon and P. Domingos. Sum-product networks: A new deep architecture. In Proceedings of Uncertainty in Artificial Intelligence. 2011.

[27] R. Gens and P. Domingo. Discriminative learning of sum-product networks. Neural Information Processing Systems (NIPS), 2012.

[28] R. Gens and P. Domingo. Discriminative learning of sum-product networks. Neural Information Processing Systems (NIPS), 2012.

[29] S. Hochreiter. Untersuchungen zu dynamischen neuronalen netzen. Diploma thesis, Institut fur Informatik, Technische Universitat Munchen, 1991.

[30] J.Martens. Deep learning with hessian-free optimization. In Proceedings of international Conference on Machine Learning (ICML). 2010.

[31] Y. Bengio. Deep learning of representations: Looking forward. In Statistical Language and Speech Processing, pages 1–37. Springer, 2013.

[32] I. Sutskever. Training recurrent neural networks. Ph.D. Thesis, University of Toronto, 2013.

[33] J. Ngiam, Z. Chen, P. Koh, and A. Ng. Learning deep energy models. In Proceedings of International Conference on Machine Learning (ICML). 2011.

[34] Y. LeCun, S. Chopra, M. Ranzato, and F. Huang. Energy-based models in document recognition and computer vision. In Proceedings of International Conference on Document Analysis and Recognition (ICDAR). 2007.

[35] R. Chengalvarayan and L. Deng. Speech trajectory discrimination using the minimum classification error learning. IEEE Transactions on Speech and Audio Processing, 6(6):505–515, 1998.

[36] M. Gibson and T. Hain. Error approximation and minimum phone error acoustic model estimation. IEEE Transactions on Audio, Speech, and Language Processing, 18(6):1269–1279, August 2010

[37] X. He, L. Deng, andW. Chou. Discriminative learning in sequential pattern recognition — a unifying review for optimization-oriented speech recognition. IEEE Signal Processing Magazine, 25:14–36, 2008.

[38] H. Jiang and X. Li. Parameter estimation of statistical models using convex optimization: An advanced method of discriminative training for speech and language processing. IEEE Signal Processing Magazine, 27(3):115–127, 2010.

[39] B.-H. Juang, W. Chou, and C.-H. Lee. Minimum classification error rate methods for speech recognition. IEEE Transactions On Speech and Audio Processing, 5:257–265, 1997.

[40] D. Povey and P. Woodland. Minimum phone error and I-smoothing for improved discriminative training. In Proceedings of International Conference on Acoustics Speech and Signal Processing (ICASSP). 2002

[41] D. Yu, L. Deng, X. He, and X. Acero. Large-margin minimum classification error training for large-scale speech recognition tasks. In Proceedings of International Conference on Acoustics Speech and Signal Processing (ICASSP). 2007.

[42] A. Robinson. An application of recurrent nets to phone probability estimation. IEEE Transactions on Neural Networks, 5:298–305, 1994

[43] A. Graves. Sequence transduction with recurrent neural networks. Representation Learning Workshop, International Conference on Machine Learning (ICML), 2012.

[44] A. Graves, S. Fernandez, F. Gomez, and J. Schmidhuber. Connectionist temporal classification: Labeling unsegmented sequence data with recurrent neural networks. In Proceedings of International Conference on Machine Learning (ICML). 2006.

[45] A. Graves, N. Jaitly, and A. Mohamed. Hybrid speech recognition with deep bidirectional LSTM. In Proceedings of the Automatic Speech Recognition and Understanding Workshop (ASRU). 2013.

[46] A. Graves, A. Mohamed, and G. Hinton. Speech recognition with deep recurrent neural networks. In Proceedings of International Conference on Acoustics Speech and Signal Processing (ICASSP). 2013

[47] K. Lang, A. Waibel, and G. Hinton. A time-delay neural network architecture for isolated word recognition. Neural Networks, 3(1):23–43, 1990.

[48] A.Waibel, T. Hanazawa, G. Hinton, K. Shikano, and K. Lang. Phoneme recognition using time-delay neural networks. IEEE Transactions on Acoustical Speech, and Signal Processing, 37:328–339, 1989.

[50] Moore, Gordon E. (1965-04-19). "Cramming more components onto integrated circuits". Electronics. Retrieved 2016-07-01.

[51] http://www.emc.com/collateral/analyst-reports/idc-the-digital-universe-in-2020.pdf

[52] D. Beaver, S. Kumar, H. C. Li, J. Sobel, and P. Vajgel, \Finding a needle in haystack: Facebooks photo storage," in OSDI, 2010, pp. 4760.

[53] Michele Banko and Eric Brill. 2001. Scaling to very very large corpora for natural language disambiguation. In Proceedings of the 39th Annual Meeting on Association for Computational Linguistics (ACL '01). Association for Computational Linguistics, Stroudsburg, PA, USA, 26-33.

[54] http://www.huffingtonpost.in/entry/big-data-and-deep-learnin_b_3325352

[55] X. W. Chen and X. Lin, "Big Data Deep Learning: Challenges and Perspectives," in IEEE Access, vol. 2, no. , pp. 514-525, 2014.

[56] Bengio Y, LeCun Y (2007) Scaling learning algorithms towards, AI. In: Bottou L, Chapelle O, DeCoste D, Weston J (eds). Large Scale Kernel Machines. MIT Press, Cambridge, MA Vol. 34. pp 321–360. http://www.iro.umontreal.ca/~lisa/pointeurs/bengio+lecun_chapter 2007.pdf

[57] A. Coats, B. Huval, T. Wng, D. Wu, and A. Wu, "Deep Learning with COTS HPS systems," J. Mach. Learn. Res., vol. 28, no. 3, pp. 1337-1345, 2013.

[58] J.Wang and X. Shen, "Large margin semi-supervised learning," J. Mach. Learn. Res., vol. 8, no. 8, pp. 1867-1891, 2007

[59] R. Fergus, Y. Weiss, and A. Torralba, "Semi-supervised learning in gigantic image collections," in Proc. Adv. NIPS, 2009, pp. 522-530.

[60] J. Ngiam, A. Khosla, M. Kim, J. Nam, H. Lee, and A. Ng, "Multimodal deep learning," in Proc. 28th Int. Conf. Mach. Learn., Bellevue, WA, USA, 2011

[61] N. Srivastava and R. Salakhutdinov, "Multimodal learning with deep Boltzmann machines," in Proc. Adv. NIPS, 2012

[62] L. Bottou, "Online algorithms and stochastic approximations," in On-Line Learning in Neural Networks, D. Saad, Ed. Cambridge, U.K.: Cambridge Univ. Press, 1998.

[63] A. Blum and C. Burch, "On-line learning and the metrical task system problem," in Proc. 10th Annu. Conf. Comput. Learn. Theory, 1997, pp. 45-53.

[64] N. Cesa-Bianchi, Y. Freund, D. Helmbold, and M. Warmuth, "On-line prediction and conversation strategies," in Proc. Conf. Comput. Learn. Theory Eurocolt, vol. 53. Oxford, U.K., 1994, pp. 205-216.

[65] Y. Freund and R. Schapire, "Game theory, on-line prediction and boosting," in Proc. 9th Annu. Conf. Comput. Learn. Theory, 1996, pp. 325-332.

[66] Q. Le et al., "Building high-level features using large scale unsupervised learning," in Proc. Int. Conf. Mach. Learn., 2012.

[67] C. P. Lim and R. F. Harrison, "Online pattern classifcation with multiple neural network systems: An experimental study," IEEE Trans. Syst., Man, Cybern. C, Appl. Rev., vol. 33, no. 2, pp. 235-247, May 2003.

[68] P. Riegler and M. Biehl, "On-line backpropagation in two-layered neural networks," J. Phys. A, vol. 28, no. 20, pp. L507-L513, 1995

[69] M. Rattray and D. Saad, "Globally optimal on-line learning rules for multi-layer neural networks," J. Phys. A, Math. General, vol. 30, no. 22, pp. L771-776, 1997.

[70] P. Campolucci, A. Uncini, F. Piazza, and B. Rao, "On-line learning algorithms for locally recurrent neural networks," IEEE Trans. Neural Netw., vol. 10, no. 2, pp. 253-271, Mar. 1999

[71] N. Liang, G. Huang, P. Saratchandran, and N. Sundararajan, "A fast and accurate online sequential learning algorithm for feedforward networks," IEEE Trans. Neural Netw., vol. 17, no. 6, pp. 1411-1423, Nov. 2006.

[72] L. Bottou and O. Bousequet, "Stochastic gradient learning in neural networks," in Proc. Neuro-Nimes, 1991.

[73] S. Shalev-Shwartz, Y. Singer, and N. Srebro, "Pegasos: Primal estimated sub-gradient solver for SVM," in Proc. Int. Conf. Mach. Learn., 2007.

[74] D. Scherer, A. Müller, and S. Behnke, "Evaluation of pooling operations in convolutional architectures for object recognition," in Proc. Int. Conf. Artif. Neural Netw., 2010, pp. 92-101.

[75] J. Chien and H. Hsieh, "Nonstationary source separation using sequential and variational Bayesian learning," IEEE Trans. Neural Netw. Learn. Syst., vol. 24, no. 5, pp. 681-694, May 2013.

[76] W. de Oliveira, "The Rosenblatt Bayesian algorithm learning in a nonstationary environment," IEEE Trans. Neural Netw., vol. 18, no. 2, pp. 584-588, Mar. 2007.

[77] Hadoop Distributed File System, http://hadoop.apache.org/2012.

[78] T. White. 2009. Hadoop: The Definitive Guide. OReilly Media, Inc. June 2009

[79] Shvachko, K.; Hairong Kuang; Radia, S.; Chansler, R., May 2010. The Hadoop Distributed File System,"2010 IEEE 26th Symposium on Mass Storage Systems and Technologies (MSST). vol., no., pp.1,10

[80] Hadoop Distributed File System, https://hadoop.apache.org/docs/stable/hadoop-project-dist/hadoop-hdfs/.

[81] Dev, Dipayan, and Ripon Patgiri. "Dr. Hadoop: an infinite scalable metadata management for Hadoop—How the baby elephant becomes immortal." Frontiers of Information Technology & Electronic Engineering 17 (2016): 15-31.

[82] http://deeplearning4j.org/

[83] Dean, Jeffrey, and Sanjay Ghemawat. "MapReduce: simplified data processing on large clusters." Communications of the ACM 51.1 (2008): 107-113.

[84] http://deeplearning.net/software/theano/

[85] http://torch.ch/

[86] Borthakur, Dhruba. "The hadoop distributed file system: Architecture and design." Hadoop Project Website 11.2007 (2007): 21.

[87] Borthakur, Dhruba. "HDFS architecture guide." HADOOP APACHE PROJECT https://hadoop.apache.org/docs/r1.2.1/hdfs_design.pdf (2008): 39.

[88] http://deeplearning4j.org/quickstart

[89] LeCun, Yann, and Yoshua Bengio. "Convolutional networks for images, speech, and time series." The handbook of brain theory and neural networks 3361.10 (1995): 1995.

[90] LeCun, Y., Bottou, L., Bengio, Y., and Haffner, P. (1998). Gradient-based learning applied to document recognition. Proc. IEEE 86, 2278–2324. doi:10.1109/5.726791

[91] Gao, H., Mao, J., Zhou, J., Huang, Z., Wang, L., and Xu, W. (2015). Are you talking to a machine? Dataset and methods for multilingual image question answering. arXiv preprint arXiv:1505.05612.

[92] Srinivas, Suraj, et al. "A Taxonomy of Deep Convolutional Neural Nets for Computer Vision." arXiv preprint arXiv: 1601.06615 (2016).

[93] Zhou, Y-T., et al. "Image restoration using a neural network." IEEE Transactions on Acoustics, Speech, and Signal Processing 36.7 (1988): 1141-1151.

[94] Maas, Andrew L., Awni Y. Hannun, and Andrew Y. Ng. "Rectifier nonlinearities improve neural network acoustic models." Proc. ICML. Vol. 30. No. 1. 2013.

[95] He, Kaiming, et al. "Delving deep into rectifiers: Surpassing human-level performance on imagenet classification." Proceedings of the IEEE International Conference on Computer Vision. 2015.

[96] http://web.engr.illinois.edu/~slazebni/spring14/lec24_cnn.pdf

[97] Zeiler, Matthew D., and Rob Fergus. "Visualizing and understanding convolutional networks." European Conference on Computer Vision. Springer International Publishing, 2014.

[98] Simonyan, Karen, and Andrew Zisserman. "Very deep convolutional networks for large-scale image recognition." arXiv preprint arXiv:1409.1556 (2014).

[99] Szegedy, Christian, et al. "Going deeper with convolutions." Proceedings of the IEEE Conference on Computer Vision and Pattern Recognition. 2015.

[100] He, Kaiming, et al. "Deep residual learning for image recognition." arXiv preprint arXiv:1512.03385 (2015).

[101] Krizhevsky, Alex. "One weird trick for parallelizing convolutional neural networks." arXiv preprint arXiv:1404.5997 (2014).

[102] S. Hochreiter and J. Schmidhuber. Long short-term memory. Neural computation, 9(8):1735–1780, 1997.

[103] Mikolov, Tomas, et al. "Recurrent neural network based language model." Interspeech. Vol. 2. 2010.

[104] Rumelhart, D. E., Hinton, G. E., and Williams, R. J. (1986). Learning representations by backpropagating errors. Nature, 323, 533–536.

[105] Mikolov, T., Sutskever, I., Chen, K., Corrado, G., and Dean, J. (2013a). Distributed representations of words and phrases and their compositionality. In Advances in Neural Information Processing Systems 26, pages 3111–3119.

[106] Graves, A. (2013). Generating sequences with recurrent neural networks. arXiv:1308.0850 [cs.NE].

[107] Pascanu, R., Mikolov, T., and Bengio, Y. (2013a). On the difficulty of training recurrent neural networks. In ICML'2013.

[108] Mikolov, T., Sutskever, I., Deoras, A., Le, H., Kombrink, S., and Cernocky, J. (2012a). Subword language modeling with neural networks. unpublished

[109] Graves, A., Mohamed, A., and Hinton, G. (2013). Speech recognition with deep recurrent neural networks. ICASSP

[110] Graves, A., Liwicki, M., Fernandez, S., Bertolami, R., Bunke, H., and Schmidhuber, J. (2009). A novel connectionist system for improved unconstrained handwriting recognition. IEEE Transactions on Pattern Analysis and Machine Intelligence.

[111] http://karpathy.github.io/2015/05/21/rnn-effectiveness/

[112] https://web.stanford.edu/group/pdplab/pdphandbook/handbookch8.html

[113] Schuster, Mike, and Kuldip K. Paliwal. "Bidirectional recurrent neural networks." IEEE Transactions on Signal Processing 45.11 (1997): 2673-2681.

[114] Graves, Alan, Navdeep Jaitly, and Abdel-rahman Mohamed. "Hybrid speech recognition with deep bidirectional LSTM." Automatic Speech Recognition and Understanding (ASRU), 2013 IEEE Workshop on. IEEE, 2013

[115] Baldi, Pierre, et al. "Exploiting the past and the future in protein secondary structure prediction." Bioinformatics 15.11 (1999): 937-946

[116] Hochreiter, Sepp, and Jürgen Schmidhuber. "Long short-term memory." Neural computation 9.8 (1997): 1735-1780.

[117] A. Graves, M. Liwicki, S. Fernandez, R. Bertolami, H. Bunke, J. Schmidhuber. A Novel Connectionist System for Improved Unconstrained Handwriting Recognition. IEEE Transactions on Pattern Analysis and Machine Intelligence, vol. 31, no. 5, 2009.

[118] With QuickType, Apple wants to do more than guess your next text. It wants to give you an AI.". WIRED. Retrieved 2016-06-16

[119] Sak, Hasim, Andrew W. Senior, and Françoise Beaufays. "Long short-term memory recurrent neural network architectures for large scale acoustic modeling." INTERSPEECH. 2014.

[120] Poultney, Christopher, Sumit Chopra, and Yann L. Cun. "Efficient learning of sparse representations with an energy-based model." Advances in neural information processing systems. 2006.

[121] LeCun, Yann, et al. "A tutorial on energy-based learning." Predicting structured data 1 (2006): 0.

[122] Ackley, David H., Geoffrey E. Hinton, and Terrence J. Sejnowski. "A learning algorithm for Boltzmann machines." Cognitive science 9.1 (1985): 147-169.

[123] Desjardins, G. and Bengio, Y. (2008). Empirical evaluation of convolutional RBMs for vision. Technical Report 1327, Département d'Informatique et de Recherche Opérationnelle, Université de Montréal.

[124] Hinton, G. E., Osindero, S., and Teh, Y. (2006). A fast learning algorithm for deep belief nets. Neural Computation, 18, 1527–1554.

[125] Hinton, G. E. (2007b). Learning multiple layers of representation. Trends in cognitive sciences , 11(10), 428–434.

[126] Bengio, Yoshua, et al. "Greedy layer-wise training of deep networks." Advances in neural information processing systems 19 (2007): 153.

[127] A.-R. Mohamed, T. N. Sainath, G. Dahl, B. Ramabhadran, G. E. Hinton, and M. A. Picheny, "Deep belief networks using discriminative features for phone recognition," in Proc. IEEE ICASSP, May 2011, pp. 5060-5063.

[128] R. Salakhutdinov and G. Hinton, "Semantic hashing," Int. J. Approx. Reasoning, vol. 50, no. 7, pp. 969-978, 2009.

[129] G. W. Taylor, G. E. Hinton, and S. T. Roweis, "Modeling human motion using binary latent variables," in Advances in Neural Information Processing Systems. Cambridge, MA, USA: MIT Press, 2006,pp. 1345-1352.

[130] Zhang, Kunlei, and Xue-Wen Chen. "Large-scale deep belief nets with mapreduce." IEEE Access 2 (2014): 395-403.

[131] Yoshua Bengio, Aaron Courville, and Pascal Vincent. Representation learning: A review and new perspectives. Technical report, arXiv:1206.5538, 2012b.

[132] Makhzani, Alireza, and Brendan Frey. "k-Sparse Autoencoders." arXiv preprint arXiv:1312.5663 (2013).

[133] Hinton, Geoffrey E., and Ruslan R. Salakhutdinov. "Reducing the dimensionality of data with neural networks." Science 313.5786 (2006): 504-507.

[134] Vincent, Pascal, et al. "Stacked denoising autoencoders: Learning useful representations in a deep network with a local denoising criterion." Journal of Machine Learning Research 11.Dec (2010): 3371-3408.

[135] Salakhutdinov, Ruslan, and Geoffrey Hinton. "Semantic hashing." RBM 500.3 (2007): 500.

[136] Nesi, Paolo, Gianni Pantaleo, and Gianmarco Sanesi. "A hadoop based platform for natural language processing of web pages and documents." Journal of Visual Languages & Computing 31 (2015): 130-138.

版权声明

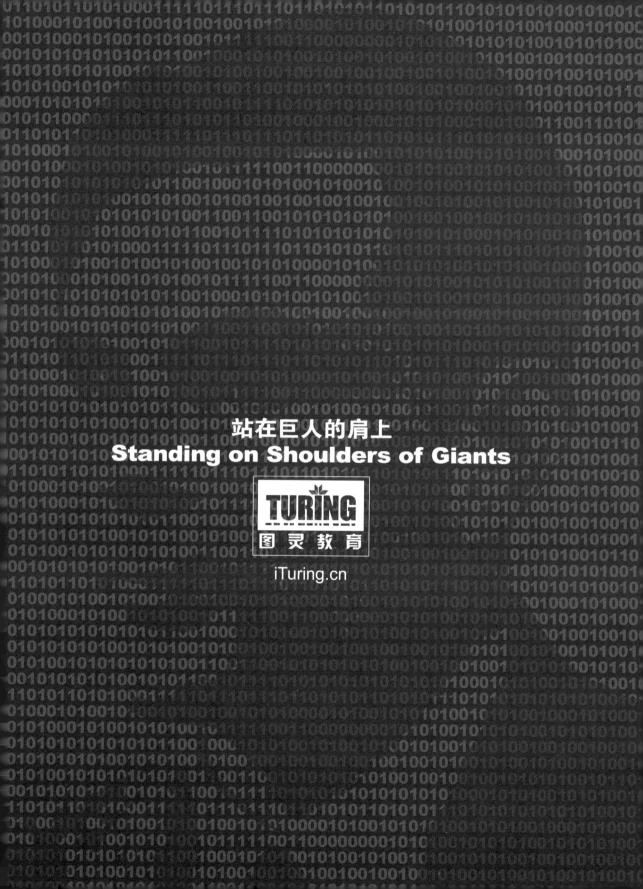

站在巨人的肩上
Standing on Shoulders of Giants

iTuring.cn

站在巨人的肩上
Standing on Shoulders of Giants

iTuring.cn